创意官府菜

万玉宝　主编

中国纺织出版社　国家一级出版社
全国百佳图书出版单位

图书在版编目（CIP）数据

创意官府菜／万玉宝主编. --北京：中国纺织出版社，2018.5（2023.5重印）

（大厨必读系列）

ISBN 978-7-5180-4034-6

I.①创… II.①万… III.①菜谱—中国 IV.① TS972.182

中国版本图书馆CIP数据核字（2017）第222885号

责任编辑：卢志林　　　　　责任印制：王艳丽
封面设计：NZQ　　　　　　装帧设计：水长流文化

中国纺织出版社出版发行
地址：北京市朝阳区百子湾东里A407号楼　邮政编码：100124
销售电话：010 - 67004422　传真：010 - 87155801
http: // www.c-textilep.com
E-mail: faxing@c-textilep.com
中国纺织出版社天猫旗舰店
官方微博http: // weibo.com/2119887771
北京华联印刷有限公司印刷　各地新华书店经销
2018年5月第1版　2023年5月第6次印刷
开本：889×1194　1/16　印张：9
字数：128千字　定价：68.00元

作者简历
ABOUT THE AUTHOR

万玉宝先生毕业于北京应用技术大学酒店管理系科学烹饪与现代酒店管理专业。出身于厨艺世家的他从小耳濡目染祖传厨艺，通过刻苦的学习以及在职业道路上的不懈努力和奋斗，终成为享誉国际的烹饪大师。他担任多家星级酒店、高档会所行政总厨，并服务过多位党和国家领导人，后创办北京万泰国壹国际酒店管理有限公司，成功管理了数十家高端餐饮企业。

在20多年的从业经历中，从8年全国政协礼堂资深主厨到星级酒店行政总厨、高档会所厨师长，再到为提升烹饪境界而游学全国，个中奋斗和历练，让万玉宝先生赢得了国内乃至国际上的巨大声誉。

2003年第五届全国烹饪大赛个人赛金奖，

2006年北京全聚德大赛金奖，

2006年"食神争霸赛"热菜组特等奖，

北京电视台"八方食圣"两届擂主……

万玉宝先生陆续被授予北京烹饪大师、中国烹饪大师、中国药膳大师、国际烹饪大师等称号，获得国家高级烹调技师、国家高级营养配餐师等职称，并被中国国际营养保健美食厨皇协会聘为副会长，被中国营养膳食推广工程委员会聘任为副秘书长。

万玉宝先生从民间走来，一路走到官府菜、皇家膳食、国宴菜肴的至高殿堂，又再次深入民间诚访大隐于市井民巷中的高手名厨，并到东南亚与米其林国际烹饪大师共同探讨美食文化。这一切，源自万玉宝先生自小对中华美食文化的热爱以及对烹饪创造的超高悟性与灵性。他将各大菜系精华融会贯通，不断汲取各路烹饪大师的长项，化为己用，并对西式烹饪的技法多加揣摩和借鉴，从而不断提升自己的烹饪境界。他以所学所悟，成功推出了大量以官府菜为基础，辅以养生、绿色、有机食材，配以现代时尚的造型新元素而成的创意性代表作品，如虫草花珍菌狮子头、清酒凤眼鳗、养生双龙御鼎香等，这些菜肴仍然秉承官府、皇家膳食的选材精致的特色，烹饪功力于毫发细微之处展现，同时赋予菜品养生、有机的理念；阿根廷煎羊排、金丝泰汁焗澳带的创意与功力则体现在火候、刀工、色彩造型上……每一个代表作都体现了万玉宝大师的独具匠心与细致入微的烹饪技艺，获得了行业及市场的巨大认可。

学无止境

壬辰年夏月 杨汝岱

杨汝岱，原全国政协副主席

创意官府菜

谷善庆题

谷善庆，原全国人大常委，北京军区政委

奉献祖国烹饪事业

苏秋成，原全国人大副秘书长，中国烹饪协会会长

臻味创意官府菜

乙未年新春　王文桥奉书

王文桥，原中国烹饪协会副秘书长
北京市旅游局餐饮管理处处长

序

中华美食享誉世界，除了因地域辽阔、菜系纷呈、食材广而精之外，还有一个重要原因就是那些非常出色的厨师，通过传承中再发展，让这份独属于华人世界的美食文化走向更为广阔、更为精湛的境界。

《创意官府菜》的出版无疑为飘香万里的中国餐饮业再谱新的篇章。好的美食书籍离不开菜肴作品本身的论证，精美的菜肴离不开厨师的创造与制作。真正的烹饪大师犹如艺术大师掌控所用的元素与材料，用自己独有的艺术素养构成一幅幅或一部部精美的艺术作品。

一直觉得一位厨师能成为这样真正的享誉业界内外的国际级烹饪大师，除了灵性、悟性之外，还有源自热爱中国烹饪及孜孜不倦的探索精神，踏实做事的质朴态度。

菜品即人品，与其说乐见《创意官府菜》的面世发行，还毋宁说只因欣赏书的作者——中国烹饪大师、荣获诸多美食大奖、致力创意中国养生官府菜，于传承中再发展的药膳名师万玉宝。

说到官府菜，人们也许会想起这样的画面——昔日一台大轿于胡同深处进入一深宅大院中，并无食坊名号，更无闹市的喧哗，镶有铜质狮头的沉重木门随即缓缓关上。华府之外，夕阳的余晖为这一切添上更为神秘的色彩。

穿过古画屏风，柔和的灯光下，昂贵的紫檀木餐桌上，精美的瓷器里一道道传说中的官府大菜呈上，屈指可数的几位贵客开始细品慢尝，浅斟细饮。至于菜的滋味品相，对于普通大众来说也许永远是个传说。

今日，浸润官府菜多年的大师万玉宝把这一切揭秘于普通大众面前，无疑是美食爱好者的福音。可贵的是万玉宝没有以猎奇为卖点，他深知山外青山楼外楼，对于每个行业高深的业内大家来说都没有所谓的终极密码与秘密所在，有的只有个人的菜品与造诣，其实也是人品的博弈。

从祖传乡间鲁菜名家走进官府菜殿堂，万玉宝无疑是幸运的，他得到了接触真正官府名菜的机会。8年的潜心钻研到执掌全国政协礼堂主厨之位，我们无从得知他的一一付出与汗水凝练，但是翻阅这一幅幅创意、养生官府菜的作品，可见他没有拘泥于官府菜的所有边边框框、繁文缛节，却又牢牢攥住了官府菜的核心要素——从选材的讲究到上盘的过程中细致入微的精致，这里必然有个人刀工、火候、调味等诸多方面的精确理解与到位造诣。

合格的现代名厨还需深谙营养养生方面的知识，真是学无止境、艺无止境。很显然，万玉宝并没有被官府菜的高、大、上完全吓到，完全臣服跪拜于此框架内停滞不前，我们可以看到他继承中又发展了绿色、有机、高蛋白、低脂肪等有益于现代养生的时尚元素，在装盘美学中还吸收了西餐米其林大师的色彩与搭配艺术……

通过交流与品味，官府菜的味道核心万玉宝仍然是熟稔在心，他是如何在传承中完美发展性诠释养生官府菜新篇章的呢？有人说官府菜除了选材苛刻、做法精致外，味道是以清淡为上，有人说是味正为胜，多一分多余少一分遗憾，正如对于茅台酒，每个人的味蕾都有不同的解释，看过、品尝过才有自己的正解。

中华美食的源远流长孕育在幅员辽阔的大地深处、每个角落、四季时节……脱胎升华于每一位有较高灵性、悟性，又深深热爱中华美食文化的大师级名厨心中、手中……

相信《创意官府菜》仅仅是名厨万玉宝名菜作品中的一个篇章，又一个从零开始的起点，其更多的精美作品会通过他本人或桃李天下呈现在中外美食餐桌上。

中国烹饪协会常务副会长

2017.9.18

前言
PREFACE

在我幼年的时候，父亲就已经是个闻名乡里的家乡菜厨师。他经常为十里八乡的邻里乡亲掌勺婚庆喜事与各种宴会，寒暑假里总有机会跟父亲出去，品尝到了鲁菜的好滋味，也因此喜欢上厨师这个职业，自然而然得到父亲的真传。

今天，父亲已经离我而去，不断淬炼自身厨艺就是对他老人家最好的缅怀，也谨以此书献给我厨艺上的启蒙之师——我的父亲，我相信这仅仅是我厨艺道路上的第一份成绩单。

如果说儿时家乡的鲁菜为我展开了美食的一扇窗口，之后在全国政协礼堂等地方跟随各派大师历练的官府菜、国宴分餐菜又为我打开了一道道门。尤其在全国政协礼堂8年时间里，受惠掌勺的各路名厨名家的教诲与自己的心得体会，领悟以官府国宴菜为起点的中国美食文化是如此博大精深，唯有兢兢业业把每道工序做到精致，才对得起千挑万选的那些食材和就餐的来宾。一份耕耘一分收获，站在全国政协礼堂主厨的位置上，感到自己还需要更多磨砺，从普通厨师做到高档会所、星级酒店行政总厨，位置越高，越感到通往厨艺大师的道路越是高深辽远。

作为一名好的厨师，应当博采众长而不是以为自己已经学到的就是最好的。各种菜系可以融会贯通，而不是一定就是对立不可融合的，譬如鲁菜中的孔府菜和官府菜、宫廷菜、今日的国宴分餐菜既有异曲同工之妙，也各有所长，融会贯通正是我的兴趣所在。

从喜欢吃到喜欢做，就是想把味觉的快感传导给更多人，让更多人分享中国美食的好滋味。

通过商业性星级酒店、高档会所等行政主厨、厨师长职位的锤炼，又使我认识到现代美食中有机养生、绿色生态等新元素已经越来越重要，吃出健康、吃出中华美食的艺术氛围已经是不可或缺的时尚元素。色、香、味是中国美食昔日的三大要素，从营养学出发的养生元素、从美学出发的食物造型艺术等对美食提出了更高的要求。

于是游学中国民间美食萃取其中精华，让官府菜走向民间发扬光大成为我的一个职业追求，期望花开结果。正如《舌尖上的中国》揭示的那样，有些民间食材的精美与独一无二有时是官府菜食材也难以达到的，民间特殊食材的烹饪方法何尝不是官府菜值得吸取的营养元素，每一味食材必有其最恰当的烹饪方式方能寻找到其人世间最美味的境界。

竹外桃花三两枝，春江水暖鸭先知。蒌蒿满地芦芽短，正是河豚欲上时。

蜀酒浓无敌，江鱼美可求。

越浦黄柑嫩，吴溪紫蟹肥。

唯有走向更为广阔的空间与时间，才懂得中华美食的魅力永无止境。

走进东南亚地区，西餐中米其林大师的食材造型艺术乃至就餐环境中的灯光元素也让人领悟，美食中的情调已经与美食本身的色香味同等重要。

从父辈言传身教开始，20多年的从业经历，越懂得美食文化的博大精深越让自己敬畏景仰，探寻的兴趣也越来越大，洋为中用、古为今用、博采众长方能走进新天地。从中国美食色、香、味的最早元素到今日绿色生态、有机养生乃至情调造型等时尚元素的渗透，都是需要不断修炼才达到至高至上新境界。

这本《创意官府菜》是自己职业生涯一个阶段的小总结，每款菜式均以简明文字介绍了主料、配料、调料、做法和菜品特色并辅以彩照。希望通过此书，让读者朋友领略到现代创意、养生官府菜的精髓与奥妙，如果能够让众位美食爱好者的味蕾定位仅找到了他们魂牵梦绕的那个位置，就是自己最大的荣幸。

"无声细下飞碎雪，放箸未觉全盘空"就是我所期颐的厨艺与食客之间的氛围。

本书在编写过程中得到业内外各界朋友、师长的指导，在此表示最衷心的感谢。感谢领导与各界朋友对本人厨艺的支持、肯定与指教，这些都是我追寻在中华美食文化之路上的源源动力。

由于时间与知识的局限，本书编写过程中难免有谬误与不当之处，敬请读者朋友、美食爱好者、业内外大家、导师批评指正，我将怀着感恩的心在以后的作品中更上一层楼，一起为弘扬中华美食文化走向更为广阔高远的境界共同努力！

万玉宝

2017年8月

目录

CONTENTS

甜品、主食、汤羹

创意时尚冷头盘

主料

三文鱼	100克	火龙果	30克
基围虾	100克	黑鱼子酱	5克
紫菜	2张	胡萝卜	20克
甜豌豆	100克	牛油果	20克
墨鱼	200克	鸡蛋	300克

辅料

调料

鲜芦笋	2根	盐	5克
		鹰粟粉	50克

特色 荤素结合，营养搭配，造型美观。

创意 海鲜与水果的完美搭配，水果也可换成其他品种。

做法

1 墨鱼打成泥，加入盐、鹰粟粉拌匀备用。

2 豌豆打成泥，加入墨鱼泥备用。

3 鸡蛋做成蛋皮，分别卷入紫菜、豌豆墨鱼泥、胡萝卜条，蒸5分钟至熟备用。

4 基围虾焯水去壳，火龙果、牛油果切粒，鲜芦笋焯水备用。

5 将备好的食材改刀，造型、装盘即可。

甜豆爽口鲜脆耳

主料

鲜猪耳 500克

辅料

甜豌豆 300克
鲜猪皮 500克

调料

生抽 20克
美极鲜酱油 10克
海鲜酱 10克
排骨酱 10克
盐 5克
鸡粉 5克
姜 20克
葱 20克
大料 5克
香叶 5克
冰糖 10克
料酒 10克

做法

1. 鲜猪耳洗净焯水，加入生抽、美极鲜酱油、海鲜酱、排骨酱、盐、鸡粉、料酒、姜、葱、八角、香叶、冰糖等卤熟，切丁装入平盘中，加入适当的卤汤，冷却成型备用。

2. 美式甜豌豆过水去皮，蒸熟后打成豌豆泥备用。

3. 鲜猪皮焯水，去油质切丝备用，加入葱姜、少许纯净水，蒸约90分钟，去猪皮取蒸汁，加入豌豆泥后调味，倒入已备好的猪耳上晾凉，改刀装盘即可。

特色 猪耳的脆与豌豆泥的糯，两种不同口感的食材相搭配，风味独特。

创意 组合新颖，口感独特。

玲珑彩虹水晶果

主料

越南米片	6张
金丝瓜	100克
青笋丝	100克

辅料

红鱼子酱	10克
黑鱼子酱	10克
香菜梗	20克
猕猴桃	2个
粉玫瑰、红玫瑰	各1枝

调料

盐	5克
橄榄油	10克

做法

1 将金丝瓜、青笋丝焯水，加盐、橄榄油拌好备用。

2 越南米皮用温水稍浸软，包入备好的金丝瓜、青笋丝，用香菜梗系好。

3 将包好的石榴包装盘，点缀鱼子酱、玫瑰花、猕猴桃即可。

特色 口感清脆，色泽鲜明。

创意 米皮的软韧及双丝的清脆，赋予了这道菜丰富的口感。

纯香蟹肉鱼子冻

主料
雪蟹肉	100克
鱼子	50克

辅料
鲜猪皮	1千克
姜	15克
葱	20克

调料
盐	10克
鸡汁	10克
花雕酒	20克
蟹醋汁	20克

做法

1 鲜猪皮焯水去油，加入水2千克、姜、葱、花雕酒、盐、鸡汁，入蒸箱蒸约2小时备用。

2 将鱼子、蟹肉依次放入鱼型模具中，加入蒸好的猪皮水，放入冰箱冷却成型即可。

3 将做好的蟹肉鱼子冻装盘，配蟹醋汁即可。

特色 蟹肉和鱼子巧妙搭配，造型生动、美观。

创意 将蟹肉、猪皮、鱼子以别样的造型结合、成形，美味又美观。

红提雪梨

主料
皇冠水晶梨	500克

辅料
红酒	300克
糖稀	100克

做法

1 水晶梨用挖球器制成梨球备用。

2 红酒、糖稀调制成红酒汁，放入备好的梨球，泡5~6小时后装盘，摆成红提状即可。

特色 口感清脆，润肺养颜。

创意 形似红提，实为雪梨，创意满分。

花开富贵冷头盘

主料		苦瓜	20克	生抽	50克
猪耳	100克	小黄瓜	50克	酱油	50克
虾仁	100克	樱桃小萝卜	20克	美极鲜	30克
北极贝	15克	海苔	2片	花雕酒	50克
牛腱子	100克	甜豌豆	100克	冰糖	20克
鸡蛋	100克	**调料**		鸡粉	10克
鸡腿肉	80克	盐	20克	玉米淀粉	30克
广味腊肠	50克	橄榄油	20克		
辅料		葱	50克		
西蓝花	50克	姜	50克		

做法

1 猪耳、牛腱子加葱、姜、生抽、酱油、美极鲜、花雕酒、冰糖卤熟，卷好备用。鸡腿肉加葱、姜、花雕酒、盐腌一下，卷入腊肠，蒸制30分钟后卷好，定形备用。

2 虾仁打成虾泥，加入盐、鸡粉、玉米淀粉调好备用。鸡蛋摊成蛋皮备用。甜豌豆去皮，打成泥备用。

3 鸡蛋皮均匀的抹上一层虾泥，铺上一层海苔片，再抹上虾泥，卷起备用。

4 剩余虾泥加入豌豆泥打匀，取1张鸡蛋皮，抹上豌豆虾泥，卷好备用。

5 将卷好的海苔鲜虾卷、翡翠鲜虾卷一起入蒸箱蒸约8分钟，入冰箱冷藏定形备用。

6 西蓝花改刀焯水，加盐、鸡粉、橄榄油拌好备用。苦瓜焯水，加盐、鸡粉、橄榄油拌好备用。北极贝片开，洗净，拌入少许橄榄油备用。小黄瓜去皮，刻成枝条状。樱桃小萝卜刻成牡丹花备用。

7 用牛肉、猪耳、海苔鲜虾卷、翡翠鲜虾卷、腊味鸡腿卷、苦瓜、西蓝花依次摆成假山状，侧上方用黄瓜皮刻成的枝条摆成花枝状，最后摆入樱桃小萝卜刻成的牡丹花即可。

特色 这是一款中式冷头盘，摆盘讲究，寓花开富贵之意。

创意 食材丰富，成形别致，也可替换为其他食材。

金枪鱼配金丝瓜

主料
金丝瓜　　　200克
金枪鱼　　　80克

辅料
香椿苗　　　5克
鱼子酱　　　10克

调料
盐　　　　　5克
橄榄油　　　10克
苹果醋　　　5克
姜芽　　　　10克
沙拉酱　　　20克
青芥辣　　　5克

做法

1 金丝瓜加水蒸熟取金丝，加盐、橄榄油、苹果醋拌匀备用。

2 金枪鱼切粒。沙拉酱加青芥辣调好备用。

3 备好的金丝瓜装入模具中定形，入盘后配金枪鱼粒、芥辣沙拉，点缀鱼子酱、香椿苗、姜芽。

特色　金枪鱼与金丝瓜荤素搭配，营养均衡。

创意　加了青芥辣的沙拉酱可去金枪鱼的腥，丰富口感。

玫瑰蓝莓山药

主料
铁棍山药　　500克

辅料
粉玫瑰　　　2枝

调料
炼乳　　　　20克
沙拉酱　　　20克
黄油　　　　10克
蓝莓酱　　　20克

做法

1 将铁棍山药洗净去皮后蒸熟，调入炼乳、沙拉酱、黄油制成即食山药泥，装入裱花袋备用。

2 玫瑰花瓣装盘，挤入备好的山药泥，淋上蓝莓酱即可。

特色　酸甜适口，口感糯软。

创意　蓝莓酱与山药的搭配，经典不衰。

沙拉香芒三文鱼

主料

芒果	1个
三文鱼	200克

辅料

鱼子酱	20克
姜芽	40克
芦笋	30克

调料

沙拉酱	20克
橄榄油	5克
盐	3克

做法

1 将三文鱼、芒果皆切成3毫米厚的片。

2 芦笋取嫩尖部分约8厘米长，焯水，沙拉酱、橄榄油、盐调成沙律酱备用。

3 将三文鱼片、姜芽沾少许沙律酱，和芦笋一起卷入芒果片里，切去底部不规则的部分，装盘，点缀鱼子酱即可。

特色 三文鱼肉质鲜美，与芒果、沙律酱搭配，风味独特。

创意 选用了优质的三文鱼和新鲜的芒果，更加丰富了三文鱼的口味，色彩艳丽，养生健康。

牛油果配雪蟹钳

主料

雪蟹钳	200克

辅料

牛油果	200克
鲜鱼子酱	20克
青柠檬片	30克

调料

沙拉酱	50克
青芥辣	10克
橄榄油	10克
盐	5克
香醋	5克

做法

1 将雪蟹钳自然解冻，沥干水分，放入加有青柠檬片的纯净水中去腥杀菌半小时后取出沥干，牛油果去皮、核，切0.3厘米厚的片备用。

2 沙拉酱、青芥辣、橄榄油、盐、香醋调成酱汁备用。

3 将备好的蟹钳裹上牛油果片，淋上调好的酱配上鲜鱼子酱，装盘即可。

特色 蟹钳肉质鲜嫩、甘甜，搭配芥味沙拉，去腥提味。

创意 蟹钳配牛油果，口感丰富，创意新颖。

冰模云雾香卤鸭

主料
瘦肉型白条鸭　1只
（约1千克）

辅料
葱　　　　　100克
姜　　　　　100克
色拉油　　　　50克

调料
海鲜酱　　　150克
排骨酱　　　175克

一品鲜酱油　300克
美极鲜酱油　150克
冰糖　　　　300克
蚝油　　　　　50克
料酒　　　　　50克
香叶　　　　　 5克
花椒　　　　　 5克
香果　　　　　 5克
大料　　　　　 5克
陈皮　　　　　 5克

做法

1　白条鸭洗净焯水，漂水备用。

2　将锅烧热，下入色拉油、葱、姜，稍微煸炒一下，加入香叶、花椒、陈皮、香果、大料，继续煸炒，再加入海鲜酱、排骨酱、一品鲜酱油、美极鲜酱油、蚝油、冰糖煸炒，加水，放入白条鸭（水刚好没过鸭子为宜），烧开，改小火炖约2小时，收汁出锅，留汁备用。

3　将卤制好的鸭子改刀装盘，淋上少许备用汁即可。

特色　鸭肉酥烂，口味咸甜。

创意　鸭子的传统做法是炖、烧、焖等，口味咸香，此菜运用各种酱料卤制，并加入了冰糖，成菜酱香浓郁，咸鲜微甜。

西式冷头盘

主料

鹅肝酱	20克
三文鱼	20克
北极贝	20克
基围虾	30克

辅料

鲜芦笋	2根
鱼子酱	10克
小青柿	10克

调料

寿司酱油	10克
味淋	10克
青芥辣	5克

做法

1 基围虾煮熟去壳，鲜芦笋取尖，焯水备用。

2 鹅肝酱切片，稍煎备用。

3 北极贝、三文鱼改刀，备用。

4 寿司酱油、味淋、青芥辣调成刺身汁备用。

5 将所有备好的食材装盘，点缀鱼子酱，搭配刺身汁即可。

特色 食材丰富，营养价值高。

创意 几种食材的完美组合，造型别致。

五仁黄金香猪手

主料

猪蹄	1千克
鲜猪皮	1千克

辅料

咸蛋黄	300克
老汤	5千克
葱	50克
姜	50克

调料

盐	5克
鸡汤	5克
料酒	50克

做法

1 猪蹄焯水、洗净，入老汤卤熟、去骨，装入模具定型备用。

2 将猪皮洗净，焯水去油，加葱、姜、水、料酒，蒸约2小时后捞除猪皮，留蒸汁备用。

3 咸蛋黄烤熟，制成咸蛋黄末，加入猪皮水，加盐调味，倒入卤好的猪蹄上，放入冰箱冷却，改刀装盘即可。

特色 酱香浓郁，口感劲道。

创意 加入咸蛋黄末，丰富了菜品口感，别具创意。

贝尖蟹肉黄金冻

主料

雪蟹肉	200克
蟹黄	200克
北极贝	100克

辅料

鲜猪皮	1千克
柠檬	50克

调料

盐	10克
白胡椒粒	5克
姜	20克
葱	20克
料酒	20克

做法

1 将猪皮焯水去油，切丝加入葱、姜、白胡椒粒、纯净水、料酒入蒸箱蒸2小时左右，取出过滤留猪皮备用。

2 将蟹肉、北极贝用柠檬水去腥杀菌后备用，将蟹肉、北极贝均匀的分两层铺入模具盒内，倒入调好味的3/4猪皮水，放入冰箱冷却。

3 再取适量猪皮水，加入蟹黄末，倒入已定形的蟹肉、北极贝上，入冰箱冷冻成形，改刀装盘即可。

特色 "一盘蟹，顶桌菜"，咸鲜适口，口感滑嫩。

创意 以猪皮冻打底，加入蟹肉、蟹黄、北极贝，层叠交错，口味丰富。

养颜圣女果

主料
圣女果　　　300克

辅料
话梅　　　　20克
薄荷尖　　　　5克

调料
冰糖　　　　30克
蜂蜜　　　　20克
绵白糖　　　20克

做法

1　圣女果入沸水中焯一下，去皮备用。

2　话梅加矿泉水、冰糖、蜂蜜、绵白糖制成糖水，将圣女果浸泡入味，装盘，配薄荷尖即可。

特色　清脆爽口，梅香味浓郁，消夏小凉菜。

创意　梅汁浸泡圣女果，新的创意，口感酸甜。

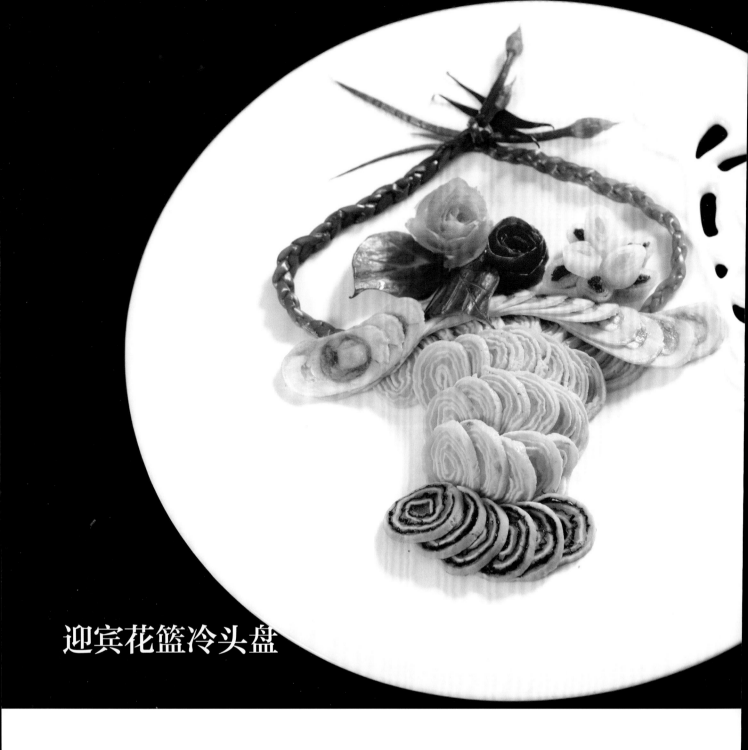

迎宾花篮冷头盘

主料		小黄瓜	20克	鹰粟粉	50克
鲜虾仁	200克	黄圣女果	20克	甜豌豆	100克
鸡腿	150克	红圣女果	20克		
广味腊肠	50克	黄彩椒	20克	**调料**	
海苔片	4张	红彩椒	20克	盐	20克
三文鱼	30克	韭薹	100克	白醋	15克
辅料		葱	20克	白糖	20克
白萝卜	100克	姜	20克	橄榄油	15克
				花雕酒	20克

做法

1　鸡腿去骨，加葱、姜、花雕酒、盐腌制入味，卷入广味腊肠，蒸30分钟定形后入冰箱冷冻备用。

2　虾仁去虾线，打成虾泥，加入鹰粟粉、盐调好备用。

3　鸡蛋摊成蛋皮，甜豌豆打成豌豆泥备用。

4　取1/2虾泥加入豌豆泥拌好，备用。

5　取一张蛋皮，均匀的抹一层虾泥，再放一张海苔片，中间放三文鱼条，卷好蒸熟成海苔鲜虾卷，备用。

6　取一张蛋皮，均匀的抹一层虾泥、豌豆泥，卷好蒸熟成翡翠鲜虾卷，备用。

7　白萝卜片用白糖、白醋、盐调汁腌一下。彩椒切条，分别卷入腌好的白萝卜中，备用。圣女果取皮，卷成玫瑰花状。小黄瓜取皮，刻成花叶备用。韭薹焯水，用盐、橄榄油调好味，编成花篮的提手，备用。

8　将海苔鲜虾卷、翡翠鲜虾卷、腊味鸡腿卷、韭薹提手依次摆成花篮状，最后装入圣女果花、白萝卜、黄瓜皮花叶即可。

特色　造型逼真，原料荤素搭配，作为冷头盘，开胃爽口。

创意　以迎宾花篮的形式呈现多种凉菜组合，寓意新颖。

八宝酿鲜鱿

主料

鲜鱿鱼	200克
鲜猪耳	100克
虾仁	50克

辅料

豌豆	20克
皮蛋	20克
咸蛋黄	20克
花生仁	20克
蛋白糕	20克

调料

盐	10克
生抽	10克
姜末	10克
葱末	10克
五香粉	10克
白胡椒粉	5克
鸡粉	10克
美极鲜酱油	10克

做法

1 鲜猪耳焯水放入清水中，加入葱、姜、香叶、盐、八角、料酒煮40分钟取出切丁，皮蛋入蒸箱蒸15分钟取出切丁，加豌豆、虾仁、咸蛋黄、花生仁，调入生抽、姜末、葱末、五香粉、白胡椒粉、鸡粉、美极鲜酱油制成八宝馅。

2 将调好的馅装入洗净的鲜鱿鱼中，蒸熟后晾凉，改刀装盘即可。

特色 鱿鱼中酿入八宝料，口感丰富，韧中带脆。

创意 往鱿鱼中酿八宝料时，应塞结实些，以防熟制后有空隙，影响成形。

鱼子金瓜长寿菜

主料

干长寿菜　　300克

辅料

金瓜　　　　100克
鱼子酱　　　 15克
香椿苗　　　　5克

调料

美极鲜酱油　10克
一品鲜酱油　10克
蚝油　　　　 5克
干辣椒　　　10克
花椒油　　　 5克
大料　　　　 5克
姜　　　　　10克
葱　　　　　10克

做法

1　干长寿菜泡发洗净后加入美极鲜酱油、一品鲜酱油、蚝油、干辣椒、花椒油、大料、姜、葱，卤至酥软备用。

2　金瓜蒸熟，做成金瓜球备用。

3　卤制好的长寿菜装盘，配金瓜球、鱼子酱、香椿苗即可。

特色　长寿菜富含18种氨基酸、14种重要微量元素，有较高的营养保健价值。

创意　长寿菜搭配鱼子酱、金瓜，口味独特，造型新颖。

美味川椒鲜牛蛙

主料		小米辣	10克	辣鲜露	5克
牛蛙	2只	葱	30克	生抽	5克
		姜	30克	李派淋	5克
辅料				黑醋	5克
野香菜	20克	**调料**		料酒	30克
鲜花椒	10克	美极鲜酱油	5克		

做法

1 牛蛙洗干净，剁小块，用葱、姜、料酒腌制，焯水至熟备用。

2 鲜花椒、小米辣用少许油炸出香味，花椒油备用。

3 将备好的牛蛙加入野香菜、美极鲜酱油、李派淋、辣鲜露、生抽、黑醋和炸好的花椒油，拌匀装盘即可。

特色　牛蛙鲜嫩，营养丰富，与野香菜搭配，味道清新。

创意　此菜做法新颖，充分发挥了牛蛙的口感及鲜花椒、小米辣、野香菜的复合香味。

梅子无锡小排骨

主料		蚝油	300克	美极鲜酱油	20克
纯肋排	500克	**调料**		生抽	20克
辅料		海鲜酱	60克	鸡粉	10克
大葱	100克	排骨酱	50克	蚝油	10克
鲜姜	70克	番茄沙司	80克	大料	5克
九制话梅	100克	盐	5克	香叶	5克
色拉油	1000克	冰糖	100克	料酒	50克
				白芷	5克

做法

1 将排骨斩寸段，漂洗30分钟后焯水备用。

2 锅内加入色拉油，烧至八九成热，倒入排骨大火炸至八成熟，倒出沥油备用。九制话梅炸后备用。

3 锅烧热，加入少许色拉油，下葱、姜、大料、香叶、白芷稍煸后加水，倒入排骨酱、海鲜酱、番茄沙司、冰糖、美极鲜酱油、生抽、鸡粉、盐、蚝油、话梅、料酒，小火炖约90分钟，收汁，出锅备用。

4 将做好的排骨装盘，适当放入几个话梅即可。

特色　肉质干香，梅香浓郁，酸甜适口。

创意　在传统糖醋排骨的基础上加入了梅子，淡淡的梅香更诱人食欲。

阿根廷焗凤翅

主料
鸡翅根　　　2只

辅料
虾泥　　　　20克
鸡肉丁　　　20克
笋丁　　　　20克
香菇丁　　　20克

鸡清汤　　　100克

调料
盐、糖、鸡粉、
阿根廷调料粉、
蚝油、水淀粉各
少许

做法

1 把翅根脱骨，去掉鸡肉，留鸡皮备用。

2 把虾泥、鸡肉丁、笋丁、香菇丁加盐、糖、鸡粉拌匀，打色上劲。

3 把调制好的馅料酿入鸡皮内，用牙签封好。

4 锅内加入油烧至七成热，把酿好的翅根炸成金黄色装盘。

5 锅内加入清汤烧开，放入少许蚝油和阿根廷调料粉，用水淀粉勾芡，浇在翅根上即可。

特色　外焦里嫩，汁鲜味美。

创意　翅根脱骨，注意保证鸡皮的完整性。

八宝葫芦鸭

主料

鸭脖	2只

辅料

猪肉丁	10克
干贝	10克
火腿丁	10克
海参丁	10克
虾肉丁	10克
糯米	10克
笋丁	10克
香菇丁	10克
豌豆	10克

调料

盐、糖、鸡粉、蚝油、香油、鸡清汤、水淀粉、葱、姜、香菜梗各少许

做法

1 鸭脖去肉留皮，用开水浇制，鸭皮晾干备用。

2 把辅料混合后拌匀成馅料，放入盐、糖、鸡粉、蚝油、香油调味。

3 将制好的八宝馅料酿入鸭皮内，用香菜梗封口，扎成小葫芦形。

4 锅内色拉油烧至七成热，放入酿制好的小葫芦，炸成金黄色装盘。

5 锅内加入清汤烧开，加蚝油，用水淀粉勾芡，淋在炸好的葫芦鸭上即可。

特色 色泽金黄，外脆里嫩。

创意 形似葫芦，口感丰富。

百花酿蟹钳

主料

蟹钳   6只
虾泥   120克

辅料

面包粒、葱、姜
各少许

调料

盐、糖、鸡粉、
番茄沙司、泰国
甜鸡酱、料酒各
少许

做法

1 蟹钳去硬壳，洗净，加入少许葱、姜、料酒、盐腌制入味。

2 把腌制好的蟹钳吸去多余的水分，酿上虾泥，均匀的粘上面包粒。

3 锅内加入色拉油，烧至七成热，下入制好的蟹钳，炸成金黄色装盘。

4 番茄沙司、泰国甜鸡酱、盐、糖、鸡粉调制成泰汁，跟炸好的蟹钳一起上桌即可。

特色 造型美观，色泽金黄，外酥脆内鲜嫩。

创意 虾与蟹的完美搭配，酱汁酸甜微辣。

冰湖野米烩辽参

主料　　　　　枸杞子　　　1颗
水发辽参　　1只　　浓汤　　　　100克

辅料　　　　　**调料**
野米　　　　50克　　盐、糖、鸡粉、
油菜心　　　5克　　水淀粉各少许

做法

1　辽参入姜汁酒水中焯水，菜心清水焯。

2　野米加浓汤煮熟。

3　锅内加入浓汤烧开，放入辽参、煮熟的野米，加入盐、糖、鸡粉调味，小火收汁，勾入适量的水淀粉，装盘，放入油菜心和枸杞子。

特色　辽参软韧、甘香、汤鲜味美。

创意　野米的蛋白质含量远高于稻米，与高蛋白的辽参搭配，营养价值高。

草头酿三色鱼糕

主料

鲢鱼	150克

辅料

草头菜	150克
胡萝卜汁	50克
红花汁	50克
黑鱼子	5克
香椿苗	5克
上汤	100克

调料

盐、糖、鸡粉各少许

做法

1 鲢鱼制成鱼蓉，打至上劲，分成3份，其中2份分别加入胡萝卜汁、红花汁，蒸制成三色鱼糕后改刀成形，入上汤煨至入味。

2 草头菜洗净焯水，装入盘中，放上三色鱼糕。

3 锅内加入上汤烧开，调味，浇入盘中，点缀黑鱼子和香椿苗。

特色 色彩艳丽，营养丰富。

创意 鲜嫩的鱼糕与清口的草头菜搭配，清爽利口。

至尊冲浪活海参

主料

海参	80克
奶汤	50克

辅料

瑶柱丝	1克
菜心	1个
枸杞子	1颗
竹荪	2克
虫草花	2克

调料

盐	2克
糖	3克
胡椒粉	1克

做法

1 将海参切片，焯水备用。竹荪、菜心、瑶柱丝、虫草花焯水备用。

2 锅内放入奶汤，加入盐、糖、胡椒粉调味。

3 将加工好的海参、竹荪、瑶柱丝、虫草花放入容器，浇入奶汤，点缀菜心、枸杞子即可。

特色 奶汤鲜美，海参脆爽。

创意 此菜上桌后再浇汁，现浇现吃，将海参的鲜美发挥得淋漓尽致。

青南瓜竹燕窝

主料

竹燕窝	50克
青南瓜	200克

辅料

上汤	75克
番茄汁	25克
枸杞子	1颗

调料

盐	2克
糖	5克
水淀粉	50克

做法

1 竹燕窝用纯净水泡发24小时，去杂质，放入有姜片的沸水中焯水后备用。

2 青南瓜戳出形状，去除内部瓜瓤，上蒸箱蒸7分钟取出备用。

3 取出竹燕窝，加少许上汤、盐、糖，煨制25分钟备用。

4 取上汤、番茄汁调入盐、糖，用水淀粉勾芡，将调好的汁倒入青南瓜内，放上竹燕窝，用枸杞子点缀即可。

特色 竹燕窝是一种名贵的真菌型食品，是一种非常罕见的竹、虫、菌共同体，其营养价值堪比燕窝。

创意 以煨制的形式烹制竹燕窝，更多的保存其营养。

脆筒椒麻鹅肝粒

主料		芒果	50克	美极鲜酱油	2克
鹅肝	300克	龙须面	15克	红油	3克
		香葱	3克	麻油	3克
辅料		姜	2克	橄榄油	10克
辣椒丝	5克	蒜片	3克	薄荷酱	2克
鲜麻椒	10克			青芥辣	2克
鲜薄荷	5克	**调料**		干淀粉	20克
春卷皮	4张	沙拉酱	15克		
火龙果	50克	面包糠	25克		
杨桃	50克	辣鲜露	4克		

做法

1 将鹅肝改刀成2厘米的方丁，拍少许干淀粉、面包糠，炸熟备用。春卷皮炸成圆筒状。龙须面炸成网状。

2 薄荷酱、青芥辣、辣鲜露、美极鲜酱油调和成汁备用。火龙果、杨桃、芒果切丁，拌沙拉酱，装入春卷脆筒内装盘。

3 锅底放麻油、葱、姜、蒜炝锅，放入鲜麻椒、辣椒丝炒香，放入炸熟的鹅肝粒，烹入调好的汁，淋上红油，装入龙须面网具内，用鲜薄荷装饰。

特色 麻辣鲜香，色泽红艳。

创意 以中式烹调手法烹制鹅肝，做法新颖，香而不腻，更适合国内的口味。

法式红酒煎鹅肝

热菜

主料

法国鹅肝	120克

辅料

小黄瓜	20克
胡萝卜	20克
红彩椒	10克
黄彩椒	10克
面包片	5克
火龙果	5克
芒果	5克
杨桃	5克
西瓜	5克
洋葱粒	5克
金钱草	2朵

调料

盐	2克
黑胡椒碎	15克
面粉	3克
黄油	15克
红酒	50克
鸡汤	100克
美极鲜酱油	15克
干淀粉	15克
橄榄油	10克
黑胡椒粉	5克
白兰地	10克
番茄沙司	15克

做法

1 鹅肝切成1.8~2厘米厚的片，加黑胡椒粉、白兰地腌制。

2 小黄瓜、胡萝卜、红彩椒、黄彩椒分别切成0.8厘米宽的方条备用。

3 火龙果、芒果、杨桃、西瓜分别切成0.8厘米的方丁备用。

4 锅内放入黄油化开，将鹅肝裹面粉、少许黑胡椒煎熟。彩椒粒、洋葱粒加红酒、番茄沙司、鸡汤、盐、美极鲜酱油、黑胡椒粉熬制成汁，淋在鹅肝上。面包片烤干，放在鹅肝下面。

5 蔬菜条用橄榄油拌匀，装入高杯内，果粒撒在鹅肝周围。

特色 此菜是一道著名的法餐，鹅肝融合在蔬菜、水果之间，能解腻，丰富口感。

创意 鹅肝外焦里嫩，配上水果丁，香而不腻。

丝网培根鲜虾卷

主料

培根	100克
鲜虾肉	100克

辅料

丝网皮	5克
青柠	5克
小西红柿	5克
苦菊	5克
上汤	50克
干葱	5克

调料

盐	5克
糖	5克
鸡粉	5克
番茄沙司	20克
红酒	20克
黑椒碎	5克
水淀粉	20克
黄油	5克

特色 色彩艳丽、荤素搭配、酒香浓郁。

创意 造型别致、创意满分。

做法

1 鲜虾肉打成虾泥，加入盐调味，将培根摆放整齐，酿入虾胶，放入200℃烤箱烤熟，改刀装盘。

2 将丝网皮入油锅炸熟，摆在盘中，撒上改刀后青柠片、小西红柿丁、苦菊碎。

3 锅内加入黄油烧热，加入干葱碎炒香，加入番茄沙司、红酒、黑椒碎、上汤、盐、糖、鸡粉调味，勾入少许水淀粉，浇在菜品上。

翡翠鲜鱼狮子头

主料

银鳕鱼	40克

辅料

虾泥	20克
豌豆	20克
清汤	150克
枸杞子	1颗

调料

盐	1克
味精	1克
胡椒粉	少许
葱姜水	少许
水淀粉	10克

特色 汤鲜味美，口感滑嫩。

创意 此菜由淮扬菜名菜蟹粉狮子头演变而来，创意新颖，味道独特。

做法

1 银鳕鱼切粒，冲掉血水，控干水分。

2 将鳕鱼粒、虾泥加葱姜水、胡椒粉、盐、味精打上劲，放冰箱冰镇10分钟，入水锅汆成鸡蛋大小的圆形，小火煮熟。

3 美式甜豌豆焯水去皮，榨汁过滤，加入清汤调味，勾入少许水淀粉，淋在成熟成型的狮子头上面，点缀枸杞子即可。

御府珍菌满坛香

主料

松茸	35克
黄耳	35克
羊肚菌	25克

辅料

牛肝菌	20克
白玉菇	15克
竹荪	15克

枸杞子	1颗
豆苗	少许

调料

素菌汤	150克
金瓜汁	35克
盐	3克
糖	3克
水淀粉	10克

做法

1 将发制好的松茸、黄耳、羊肚菌用素菌汤煨制入味。

2 牛肝菌、白玉菇、竹荪焯水后加入素菌汤煨制入味。

3 锅内下入素菌汤，加入金瓜汁、盐、糖调味，放入煨制好的松茸、黄耳、羊肚菌、牛肝菌、白玉菇、竹荪小火煨制入味，勾芡，装入器皿内，点缀枸杞子、豆苗。

特色 菌香浓郁，口感脆嫩。

创意 也可替换成其他菌类，但应注意区分成熟时间，分开熟制。

芙蓉金沙焗澳带

主料

冰鲜澳带	300克

辅料

蛋清	5个
牛奶	20克
丝网皮	1张
薄荷叶	2片
鱼子酱	0.2克

青红椒粒	10克
豆豉	5克
面包糠	10克

调料

盐	0.5克
糖	0.2克
淀粉	20克
色拉油	50克

特色 澳带软韧，口感丰富。

创意 此菜为造型别致的意境菜，造型与口味皆为上品。

做法

1 澳带解冻，冲水，用干毛巾吸干水，加盐、淀粉腌制。锅中加少许油烧热，入澳带煎至两面金黄，备用。

2 将蛋清和牛奶打均匀，放在容器中，入蒸箱蒸5～6分钟，点缀鱼子酱备用。丝网皮用六成热油温炸干，放在盛器中。

3 锅内入少许油，加豆豉、青红椒粒炒香，然后加面包糠、盐，大火翻炒。

4 放入煎好的澳带，炒均匀，放入容器中，点缀薄荷叶即可。

百灵吉祥映明月

主料

百灵菇	1只

辅料

黄豆	50克
鲜玉米	50克
干香菇	50克
胡萝卜	50克
香芹	50克
芦笋	5克
小西红柿	5克

调料

盐、糖、蘑菇精、素蚝油、水淀粉各少许

做法

1 百灵菇用刀具刻成鲍鱼形。

2 黄豆、鲜玉米、干香菇（泡发）、胡萝卜、香芹加盐、糖、蘑菇精、素蚝油及适量水烧至入味，放入成形的百灵菇，小火煲制入味成熟后装盘。

3 小西红柿及焯水的鲜芦笋装盘。

4 将煲制百灵菇的素汤勾芡后浇在百灵菇上。

特色 色彩艳丽，汁鲜味美。

创意 以百灵菇制成鲍鱼形，养胃生津，一道养生菜。

黑鱼子海皇蛋

主料

鸡蛋	1枚

辅料

海胆黄	5克
黑鱼子	2克
鲜薄荷叶	2克

调料

盐	2克
胡椒粉	1克

做法

1 将鸡蛋用特制的器具切开。

2 将蛋液倒入容器内，加入海胆黄、少许盐、胡椒粉调味，放入蛋壳内，入蒸箱蒸制成熟后将海皇蛋放在餐架上，放上黑鱼子酱和鲜薄荷叶即可。

特色 菜品美观，蛋黄滑嫩，口味鲜香。

创意 将鸡蛋和海胆黄巧妙结合，营养与造型兼得。

步步高升锦绣球

主料		瑶柱	30克	鸡粉	15克
河虾仁	350克	葱	50克	白糖	10克
精五花肉	200克	姜	50克	浓汤	300克
辅料		**调料**		水淀粉	少许
鱼肚	250克	盐	15克	鸡蛋	1个
杏鲍菇	150克	胡椒粉	5克	藏红花	5克
木耳	100克	鸡汁	25克		

做法

1 河虾仁去虾线，剁成虾泥。五花肉去皮，剁成馅，将虾泥和肉馅混在一起，放入姜末15克、盐5克、胡椒粉5克、蛋清、少许水淀粉，打上劲备用。

2 将鱼肚、杏鲍菇、木耳切丝备用，瑶柱撕成丝备用。将鱼肚丝、杏鲍菇丝、木耳丝、瑶柱丝加水、葱、姜煨10分钟，滤出备用。

3 取浓汤，加盐、鸡汁、鸡粉、白糖、胡椒粉调味，用水淀粉勾芡，藏红花调色备用。

4 将上劲后的虾泥团成40克的球状，逐个裹上彩丝，上蒸箱蒸制5分钟取出，淋调过味的浓汤即可。

特色　色彩丰富，鲜香脆嫩。

创意　虾球的另种烹制方法，新颖独特，造型美观。

富贵比萨龙虾仔

主料

龙虾仔	300克

辅料

黑橄榄	20克
口蘑	10克
圣女果	10克
青红彩椒	各10克

调料

马苏里拉芝士	50克
比萨料	3克
淡奶油	15克
黄油	50克
白兰地	20克
盐	5克
胡椒粉	5克

做法

1 龙虾仔宰杀，一分为二，白兰地、胡椒粉、盐调均匀，抹在龙虾仔身上。

2 用黄油将黑橄榄、口蘑、圣女果、青红椒炒香，加入淡奶油、比萨料炒匀备用。

3 将炒好的比萨料放在龙虾仔肉上，均匀撒上马苏里拉芝士，入烤箱烤至金黄色，成熟，装盘即可。

特色 这是一道海鲜西餐的做法，龙虾鲜嫩，奶香味浓。

创意 以中西结合的方式烹制龙虾仔，奶香浓郁。

花雕酒香鸡豆花

主料

鸡胸肉	50克	鸡蛋清	5克	
		鹰粟粉	2克	
辅料		花雕酒	20克	
上汤	250克			
虫草花	5克	**调料**		
豆苗叶	2克	盐	5克	
葱姜水	20克	味精	2克	

做法

1 鸡胸肉去筋膜切碎，冲净血水，放入搅拌机内加入葱姜水、盐、味精、鸡蛋清、鹰粟粉，打制成鸡蓉，入冰箱冷藏20分钟。

2 虫草花、豆苗叶焯水。

3 锅内加入上汤烧开，加入适量的花雕酒，将打制好的鸡蓉从冰箱取出，加入适量纯净水稀释后倒入锅内，煮成豆花状，把鸡豆花和汤盛入餐具内，并放入虫草花和豆苗叶。

特色 鸡蓉洁白如玉，嫩似豆花，汤鲜味美。

创意 将鸡胸肉做成鸡豆花形式，适合各类人群。

乾隆过桥东星斑

主料
东星斑　　850克

辅料
金钱菇　　10个
广东丝瓜　250克
魔芋丝　　10个
柠檬　　　100克

调料
盐　　　　　5克
胡椒粉　　　5克
浓汤　　　2000克
西洋参片　　2克
枸杞子　　　1克

工具
煲仔炉

特色　具有可观赏性，操作性强。

创意　以白灼的形式烹制东星斑，能更好地保持鱼肉的鲜嫩。

做法

1 东星斑去鳞去内脏，取左右净肉，片成夹刀片，放入置有柠檬片的水中。鱼头、鱼尾一分为二。将片成夹刀片的鱼片折叠，同鱼头、鱼尾摆在平盘上，柠檬片放置底部，置冰箱备用。

2 金钱菇泡发，煨制装盘。丝瓜、魔芋丝焯水装盘。

3 浓汤烧开，加盐、胡椒粉调味，放入砂煲内。

4 将煲仔炉推至客人面前，将砂煲放在煲子炉上烧开，放入枸杞子、西洋参片，并逐一堂灼东星斑片，配金钱菇、丝瓜、蘑芋丝给每位客人。

荷塘悦色

主料

鱼蓉	150克	鸡蛋清	60克
南豆腐	100克	金钱草	10克
		小鲜荷花	1枚

辅料 **调料**

清汤	500克	盐	5克
鲜百合	50克	糖	2克
豌豆	20克	鸡粉	2克

特色 造型美观，清爽滑口，汤鲜味美。

创意 菜品设计新颖，造型别致。

做法

1 将鱼蓉、南豆腐、蛋清混合，加入适量盐搅拌上劲，酿入特制的模具内，插上豌豆和摘洗干净的鲜百合，入蒸箱内蒸熟后取出放入餐具内。

2 锅内放入清汤烧开，加盐、糖、鸡粉调味，盛入餐具内，摆上金钱草和小鲜荷花即可。

皇冠南非干鲍

主料

南非干鲍	1只	姜	800克
（4头）		白萝卜	2000克

辅料

		A料	
高汤	2000克	老鸡	4千克
芦笋	75克	猪肉	2千克
圣女果	1颗	排骨	3千克
金瓜元宝	1枚	老鸭	1.5千克
葱	800克	干贝	300克
		赤肉	2千克

调料

蚝油、鸡粉、花雕酒、鸡汁、老抽、鸡油、花生油、水淀粉、广东米酒各少许

做法

1 南非干鲍泡发3~4天，刷洗干净，清水加广东米酒、葱、姜、白萝卜、花雕酒焗泡好的鲍鱼两次备用。

2 将A料汆水，过油炸干，装入煲内，加焗好的南非干鲍、老汤连续煲制48小时备用。

3 取原汤调入蚝油、鸡汁、鸡粉、老抽，用水淀粉勾芡备用。取出鲍鱼，用鸡油煎制片刻，放入盘中，淋上事先打好的鲍汁，芦笋、金瓜元宝焯水，放在鲍鱼边上，摆上圣女果即可。

特色 鲍鱼自古被人们视为"海中珍品之冠"，肉质醇厚，味道极其鲜美。

创意 以煲后煎制的形式烹制鲍鱼，新颖独特。

皇家贡米烩鱼云

主料

鱼云	200克	鸡汁	15克

辅料

枸杞子	1颗	鸡粉	8克
菜心	1棵	蚝油	5克
小米	20克	糖	10克
葱	30克	藏红花	10克
姜	30克	水淀粉	10克
		姜汁酒	15克
		浓汤	350克

调料

盐	2克

做法

1 鱼云提前冲水1小时，取出焯水，冲凉。葱姜炒香，放入清水，调入盐、鸡汁，放入鱼云、姜汁酒煨制。

2 浓汤烧开，调入鸡粉、鸡汁、糖、蚝油，用水淀粉勾芡，调入藏红花上色备用。小米煮熟，加入浓汤中。

3 取出鱼云，放入容器内，淋入浓汁小米，菜心雕刻成小鸟状，焯水，用菜心、枸杞子装饰即可。

特色 口味浓香，小米和浓汤的结合是养生佳品。

创意 鱼云滑嫩，浓汤鲜香。

黄金米烩原汁鲜鲍

主料
鲍鱼　　　120克

辅料
黄金米　　25克
浓汤　　　180克
枸杞子　　1颗

调料
盐　　　　3克
糖　　　　25克

做法

1 鲜鲍去壳洗净，用浓汤煨制入味，黄金米煮熟备用。

2 锅上火，放入浓汤，加盐、糖调味后加入煮熟的黄金米，搅匀成黄金米粥。

3 把黄金米粥盛入盘内，放入煨制好的鲜鲍，用枸杞子点缀即可。

特色　粥香、浓郁，鲍鱼脆爽鲜香，营养丰富。

创意　以黄金米配鲜鲍，咸鲜适口。

火龙脆丝凤尾虾

主料
基围虾　　60克

辅料
芥兰笋　　85克
火龙果　　50克

调料
面包糠　　35克

盐　　　　3克
糖　　　　2克
黑胡椒　　3克
番茄沙司　5克
红酒　　　5克
水淀粉　　少许
黄油　　　5克
橄榄油　　适量

特色　果蔬和海鲜的结合，美观可口。

创意　酱汁为西式做法，搭配油炸虾，新颖独特。

做法

1 芥兰笋切丝，加油、盐、糖焯水后过凉，沥干水分，加盐、橄榄油拌入味。

2 火龙果用模具刻出圆形备用。

3 基围虾去头、去壳，加盐腌制，沾淀粉，裹面包糠，炸熟备用。

4 火龙果垫底，芥兰丝用圆形模具套出圆形，放在火龙果上，炸好的基围虾交叉放在芥兰丝上，另起锅加黄油化开，加番茄沙司、红酒、黑胡椒、盐、糖，用水淀粉勾芡，淋在虾上即可。

吉利海皇鱼子蛋

主料

鸡蛋	500克	虾仁	100克
		鱼子酱	25克

辅料

虾酱	100克	吉利棒	6根
		亚苗叶	5克

做法

1　鸡蛋用特制切割器切成盅形。

2　将蛋液倒入盆内，加虾酱、虾仁调匀，盛入鸡蛋壳内，入蒸箱蒸5分钟，装入盘中，点上鱼子酱和亚苗叶，插上吉利棒。

口感滑爽，味道鲜香，造型美观，中西融合。

虾酱、鸡蛋、虾仁、鱼子酱的完美结合，营养与美味并存。

极品虫草活辽参

主料

活辽参	2条
（4头）	
虫草	2根

辅料

清鸡汤　　　150克

红绿胶花各　5克
枸杞子　　　1颗

调料

盐　　　　　1克

做法

1　将提前发制好的虫草加少许水，放蒸箱蒸10分钟备用。

2　把发制好的活辽参焯水，放入器皿中。

3　鸡汤加盐调味，加入蒸虫草的汁，浇入器皿中，将虫草放在辽参上，入蒸箱蒸5分钟，使虫草和海参的香味相融，点缀胶花、枸杞子即可。

特色　海参、虫草搭配，营养丰富，软滑鲜美。

创意　选用活辽参制作，口感更滑嫩。

骄子归巢忆相思

主料
豆浆　　　500克
鸡蛋　　　500克

洋葱　　　25克
姜末　　　5克

辅料
荠菜　　　450克
彩椒　　　50克

调料
盐　　　　15克
奇味盐　　5克

做法

1 将豆浆和鸡蛋按比例调合，过滤，加盐，蒸至九成熟。荠菜焯水，剁成末，均匀的铺在自制鸡蛋豆腐上面，回蒸1分钟，取出切成2厘米的方块状。

2 取自制豆腐入四成热油温内炸至金黄取出，底油加彩椒粒、洋葱粒、姜末煸香，翻炒自制豆腐，调入奇味盐，出锅装盘即可。

特色 自制豆腐口感软嫩，别具风味。

创意 加入鸡蛋的豆腐，口感更具弹性，口味独特。

达府奶汤烩全丝

主料

鱼翅	10克
鱼唇丝	10克
鱼肚丝	10克
瑶柱丝	5克

辅料

奶汤	100克
冬菇丝	2克

调料

盐	5克

糖	2克
鸡粉	2克
水淀粉	200克

做法

1 鱼翅、鱼唇丝、鱼肚丝、瑶柱丝、冬菇丝加入少许奶汤、盐、糖煨至软糯，控净水分备用。

2 锅内加入奶汤烧开，放入盐、糖、鸡粉调味，勾入适量的水淀粉，放入煨制好的主辅料，搅拌均匀后盛入餐具内。

特色　汤鲜浓郁，营养丰富。

创意　由经典奶汤鱼翅演变而来，加入鱼唇、鱼肚、瑶柱，成菜更丰富。

红花煎酿龙虾仔

主料

龙虾仔	1只	青红椒粒	各5克	**调料**	
（300克）		瑶柱	20克	盐	3克
		泰国香米	50克	鸡粉	5克
辅料		藏红花	2克	胡椒粉	5克
姜芽	1枚	清汤	800克	白兰地	15克
香葱	1根			黄油	20克
				水淀粉	10克

做法

1 龙虾仔宰杀，纵向一开为二，加盐、胡椒粉、白兰地腌制备用。

2 泰国香米洗净，蒸熟备用。

3 蒸熟的香米拌入瑶柱碎、青红椒粒，酿入龙虾仔头部。

4 另起煎锅烧化黄油，将龙虾仔煎至金黄色成熟取出。放入烧开的清汤内熬出虾油，原汤调味，勾芡，放入藏红花，将龙虾仔装盘，取原汁淋在龙虾仔上，用姜芽、香葱装饰即可。

特色 烹调技法多样、新颖，造型大气，食材可口。

创意 以中西结合的形式烹制龙虾仔，做法新颖，成菜美观。

金草菌皇狮子头

主料		虫草花	1克
百灵菇	100克	鸡汤	150克
虾仁	300克	**调料**	
杏鲍菇	100克	盐	1克
辅料		干淀粉	5克
雪菇	5克	蛋清	1个
豆苗	1个		

做法

1 百灵菇、杏鲍菇切成小粒，焯水，挤干水备用。虾仁去虾线，制成虾泥。

2 百灵菇丁、杏鲍菇丁放入虾泥中，加盐、干淀粉、蛋清调匀，用力打上劲。

3 用60℃的热水余成狮子头。雪菇切片，焯水备用。鸡汤加调味，将狮子头、雪菇放入容器，浇汤，点缀豆苗、虫草花即可。

特色 菌香味浓，汤汁鲜美。

创意 传统狮子头选用猪肉制作而成，该菜用虾仁替代猪肉，做法别致，口感独特。

金牌秘制烤河鳗

主料

河鳗　　　　　1条
（约1300克）

辅料

青紫苏叶　　　1盒
芝麻　　　　　10克
葱、姜　　　各20克
西芹　　　　　75克
香菜　　　　　15克
洋葱　　　　　100克

调料

胡椒粉　　　　5克

A料

南乳汁　　　　20克
蚝油　　　　　10克
冰糖　　　　　10克
美极鲜酱油　　5克
海鲜酱　　　　15克
柱候酱　　　　15克
日本烧汁　　　25克
蜂蜜　　　　　5克
花雕酒　　　　15克

做法

1　河鳗宰杀干净，冲净血水，加葱、姜、胡椒粉腌制备用。

2　将A料调均匀，小火熬至冰糖融化即可。

3　西芹切片，香菜洗净，洋葱切丝，放置烤盘上，河鳗切花刀（必须打深刀，否则河鳗不成形），放在烤盘中的蔬菜上，将A料均匀的涂抹在河鳗肉上，入上下火180℃的烤箱烤制，期间再涂抹一两次A料，直至河鳗成熟，表面成酱红色即可。

4　取出河鳗，改刀成2厘米的段，用紫苏叶垫底，撒上炒熟的芝麻。

特色　口味酱香，鲜嫩微甜，河鳗内的丰富胶原蛋白得以保留，不损其"可吃的化妆品"的美誉。

创意　选用腌制后涂抹酱汁烤制的方法烹制鳗鱼，不失营养且肉质更具弹性。

金鹊归巢梅花开

主料
鸽脯肉　　　　500克

辅料
杏鲍菇丁　　　　50克
彩椒丁　　　　　50克
葱花　　　　　　5克
姜末　　　　　　5克
土豆丝　　　　200克

调料
盐　　　　　　　5克
东古一品鲜酱油　10克
水淀粉　　　　　10克

做法

1 把土豆丝炸成小雀巢状，装盘，备用。

2 鸽脯肉切方丁，加入适量的盐、淀粉腌制。

3 锅烧热，加入色拉油烧至七成热，倒入腌制好的鸽丁滑油至七成熟，加入杏鲍菇丁、彩椒丁，倒入笊篱内控净油分。

4 锅上火，加入适量的油，放入葱花、姜末炒香后倒入滑好油的鸽丁、杏鲍菇丁、彩椒丁翻炒，加入东古一品鲜酱油和适量的水淀粉，炒匀出锅，装入炸好的小雀巢内即可。

特色　形态美观，肉质鲜嫩，口味鲜香。

创意　造型别致，鸽肉与杏鲍菇丁的口感完美结合。

金丝豆瓣彩虹虾

主料

鲜虾	50克	薄荷叶	5克
豌豆瓣	100克	红姜芽	5克

辅料

调料

炸土豆丝	50克	盐	5克
白玉菇	50克	糖	2克
鲜百合	10克	鸡粉	2克
鱼子酱	10克	卡夫奇妙酱	10克

特色 菜品美观靓丽，口感鲜香适口。

创意 一道造型菜品，创意别致。

做法

1 白玉菇用油炸成金黄色，加入豌豆瓣，放盐、糖、鸡粉调味后滑炒，装入玻璃餐具内。

2 鲜虾开背，改刀后用开水焯熟，控净水分，均匀沾上卡夫奇妙酱，裹上炸好的土豆丝，摆在盛入豌豆瓣酱的玻璃器具上。

3 插上红姜芽、鲜薄荷叶，点缀鲜百合、鱼子酱即可。

芙蓉酱香银鳕鱼

主料

银鳕鱼	200克	洋葱	10克
		香菜	10克

辅料　　　　　　　**调料**

鸡蛋清	50克	韩国烤肉酱	20克
鲜牛奶	10克	日本烧汁	20克
鱼子酱	5克	味淋汁	10克
小西红柿	5克	蜜汁烤肉酱	10克
青柠檬	5克	美极鲜味汁	5克
西芹	10克	清酒	5克

做法

1 银鳕鱼改刀，加入韩国烤肉酱、日本烧汁、味淋汁、蜜汁烤肉酱、美极鲜味汁、清酒、西芹、洋葱、香菜混合后腌制30分钟，取出入200℃烤箱，烤至酱黄色取出，装入盘中。

2 鸡蛋清加入鲜牛奶搅匀，打成蛋泡糊，入蒸箱蒸熟后放在鳕鱼上，点缀鱼子酱。

3 盘头搭配小西红柿和青柠檬即可。

特色　酱香浓郁，鱼肉细嫩，中西结合。

创意　以烤制的形式烹制银鳕鱼，更好的保存了营养，保证了口感。

素燕金汤映白玉

主料		枸杞子	1颗
白萝卜	150克	豆苗	少许
清汤	200克	**调料**	
辅料		盐	0.5克
豆腐	1盒	鸡粉	0.2克
南瓜	50克	干淀粉	10克

特色 黄白互应，营养丰富。

创意 一道养生素斋，清淡爽口。

做法

1 白萝卜去皮洗净，切成10厘米长的细丝，冲水，用毛巾吸水，越干越好。托盘铺上保鲜膜，萝卜丝加干淀粉拌匀，放在托盘中，封上保鲜膜，入蒸箱蒸5分钟，放入冷水中冲凉备用。

2 盒豆腐用圆形模具刻出形状，放蒸箱蒸热备用。南瓜切片，放蒸箱蒸熟，打成南瓜汁备用。

3 锅内加入清汤，加盐、鸡粉、南瓜汁烧开，调味，勾芡，将蒸好的豆腐、萝卜丝放入容器中，浇上金汤，用豆苗、枸杞子点缀即可。

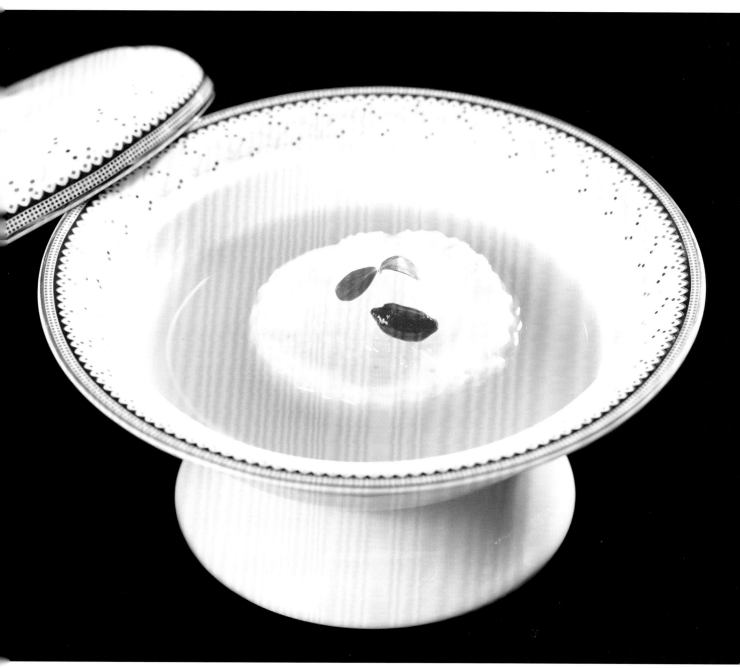

锦雀归巢爆爽肚

主料
水发鳄鱼肚 250克

辅料
甜豆　　　　50克
红椒丁　　　50克
炸土豆丝　 100克

调料
盐　　　　　5克
糖　　　　　5克
鸡粉　　　　5克
水淀粉　　 10克

做法

1 把炸成金黄色的土豆丝装入镜盘内，成鸟巢状。

2 发制好的鳄鱼肚、甜豆、红椒丁焯水备用。

3 锅烧热，加入适量色拉油，倒入鳄鱼肚、甜豆、红椒丁翻炒均匀，加入盐、糖、鸡粉和适量水淀粉炒匀，装入镜盘内的土豆丝鸟巢中。

特色　造型美观，鳄鱼肚爽脆鲜香，荤素搭配，营养丰富。

创意　以炸土豆丝制成鸟巢盛器，盛入菜品，新颖别致。

兰亭鸿运脆皮鸡

主料

宫廷黄鸡　　1只

辅料

雪菇　　150克

调料

盐　　10克

麦芽糖　　150克

大红浙醋　　250克

黑胡椒粉　　5克

黄油　　100克

特色　精工细作，皮脆肉嫩。

创意　独特的烹饪技法，成菜新颖，外焦里嫩。

做法

1　将宫廷黄鸡剔骨，去肉，取皮备用，将皮铺平，用竹签定形。大红浙醋和麦芽糖调合成脆皮水，均匀的淋在取下的皮上面，待晾干备用。

2　将鸡肉去骨，打成鸡蓉，加盐调味，搅拌上劲，均匀的铺在已经晾干的鸡皮上面，放冰箱冷藏备用。

3　锅内加油，取出鸡，入四成温油锅中炸熟，改刀装盘。雪菇用黄油煎熟，撒黑胡椒粉，出锅，置于鸡块边即可。

官府虫草佛跳墙

主料
水发虫草	2条
水发鱼翅	35克
关东参	1条
鱼肚	30克
水发裙边	30克
鹿筋	50克
鸽蛋	1个
瑶柱	1只

20头干鲍	1只

辅料
豆苗	1棵
枸杞子	1颗
葱、姜	各50克

调料
浓汤	400克
鸡粉	25克
鸡汁	15克
蚝油	5克
绵白糖	10克
花雕酒	50克
姜汁	75克
水淀粉	80克
二汤	5000克
油	15克
藏红花汁	10克

做法
1 将主料分别用姜汁和花雕酒焯水。

2 另起锅放底油，加葱、姜炒香，倒入二汤，调入少许鸡汁、鸡粉，过滤去葱、姜，将焯水后的主料放入二汤内煨制25～30分钟。

3 西餐锅放小火上，倒入浓汤，调入鸡汁、鸡粉、糖、蚝油、盐，勾入水淀粉，加藏红花调色备用。

4 主料取出，放入容器内，淋上浓汤，放入蒸箱蒸10分钟取出，放入枸杞子、豆苗即可。

特色 选料考究，火候精细，食材珍贵。繁琐的操作流程，成就了这道国宴菜中的精品。醇香浓郁，营养丰富。

创意 在传统佛跳墙的基础上加入了虫草，锦上添花，提升了营养价值。

榄油香草汁焗蜗牛

主料

法国进口蜗牛 75克

辅料

水果粒	30克
卡夫酱	2克
香叶	2克
洋葱粒	10克
橄榄油	10克

蒜末	10克
法国香菜	15克
银鱼柳碎	5克
椰汁	5克
自制面包条	20克

调料

盐	5克
糖	2克

做法

1 锅中入橄榄油、香叶、洋葱、蒜末炒香，加入蜗牛、法国香菜末、银鱼柳碎、椰汁炒制，放入盐、糖调味后装入特制的餐具内。

2 入200℃的烤箱烤5分钟即可，配以自制面包条及用水果粒、卡夫酱调成的水果沙拉。

特色 香味浓郁，中西融合。

创意 这是一道改良的中西融合菜肴，用各种酱料加橄榄油制成的香草汁调味，先炒再烤，色泽艳丽，美味可口。

龙须鲜虾番茄盅

主料

凤尾虾	30克
上汤	50克

辅料

番茄	100克
龙须菜	10克
芦笋	2根

调料

番茄沙司	20克
盐	5克
糖	2克
鸡粉	2克
水淀粉	10克

特色 清新亮丽，营养美观。

创意 以番茄盅做盛器，别致新颖。

做法

1 凤尾虾背开，加入少量盐腌制入味，入油锅滑熟备用。

2 番茄改刀成番茄盅，同龙须菜一起用油盐水煮熟，装盘，放入滑熟的鲜虾。

3 锅内下少许色拉油，放入番茄沙司和上汤烧开，加入盐、糖、鸡粉调味，勾少许水淀粉后浇在餐具内的菜品上，用焯过水的芦笋装饰即可。

美式焗生蚝

主料
生蚝　　　100克

辅料
葱、姜　　各10克
蛋黄酱　　10克
芝士片　　1片
红彩椒　　3克

黄彩椒　　3克
辣椒仔　　1克
黄油　　　2克

调料
料酒　　　5克
盐　　　　0.5克
糖　　　　0.2克

做法

1　生蚝取肉洗净，生蚝壳高温消毒，将生蚝肉用葱、姜、料酒抓匀去腥，用黄油煎至六成熟备用。生蚝煎制可保证生蚝的鲜。

2　红彩椒、黄彩椒切小片，用黄油、盐、糖炒香，放入辣椒仔炒好备用。

3　将生蚝放入洗干净的壳中，放入彩椒片，铺上芝士片，用裱花袋挤上蛋黄酱，放入烤箱中烤12分钟即可（上火200℃、下火180℃）。

特色　西式做法，口味独特，酱香浓郁。

创意　以烤制的方法烹制生蚝，更好地保留了生蚝的营养。

蒙特利牛肋排

主料

牛肋排	1根	泰国鸡酱	80克
（约950克）		蒙特利调料	55克

辅料

A料

胡萝卜	50克	野山椒	15克
青笋	50克	白醋	20克
白萝卜	50克	盐	15克
香菜	45克	**B料**	
西芹	45克	酱油	50克
薄荷叶	5克	东古一品鲜	200克
		黄豆酱	100克

调料

奇味盐	20克	冰糖	100克
		生抽	50克

特色　牛肋排焦脆，泡菜爽口。

特色　西式牛排配中式泡菜，解腻新颖。

做法

1 牛肋排冲净血水，焯水备用。

2 B料调和成酱汤，西芹、香菜，放入牛肋排，小火酱烧1.5～2小时，熄火浸泡2小时。

3 将B料调合成酱汤，放入西芹、香菜，再放入牛肋排，烧1.5～2小时。

4 酱制好的牛肋排放入烤箱烤15分钟，撒上少许蒙特利调料，取出。泡菜切丁装盘，用薄荷叶装饰，牛肋排改刀装盘，奇味盐、鸡酱配味碟即可。

京葱参须烧鹿筋

主料

鹿筋	400克

辅料

京葱	150克
薄荷叶	15克
参须	10克

调料

蚝油	15克
烧汁	10克
味达美	5克
鸡汁	15克
老抽	5克
水淀粉	20克
姜	适量
玫瑰露	适量
料酒	适量

做法

1 参须泡发，焗15分钟熄火，放入葱（另取）、姜、玫瑰露、料酒，用保鲜膜密封，放置2小时。

2 参须洗净，加少许水，放入蒸箱蒸45分钟，原汤保留备用。

3 京葱改花刀，炸至金黄取出，原葱油保留备用。

4 取1/3原葱油放置锅底，加入蚝油、烧汁、味达美、鸡汁、老抽，倒入参须汤水，放入鹿筋烧5分钟后放入炸好的京葱，再烧2~3分钟离火，勾芡翻炒，淋原葱油出锅即可。

特色 鹿筋软糯，葱香味浓。

创意 此菜借鉴了葱烧海参的做法，加以参须烹制鹿筋，营养丰富。

菌香翡翠玉豆腐

主料

黄豆	150克
鸡蛋	1个

辅料

羊肚菌	10克
虫草花	10克
上海青	20克
南瓜	50克
鸡汤	150克

调料

盐	0.5克
鸡粉	0.5克
干淀粉	20克

做法

1 将黄豆用冷水泡软，用豆浆机榨出豆浆，加入鸡蛋液打匀，过滤备用。

2 上海青洗净，取叶子，切成末备用。将托盘铺上保鲜膜，倒入拌均匀的豆浆，撒上上海青叶，包上保鲜膜，放蒸箱蒸6分钟取出，用圆形模具刻成形状备用。

3 南瓜去皮，切片，放蒸箱中蒸熟，用榨汁机打成南瓜泥备用。羊肚菌用冷水泡软，用干淀粉洗干净，沥水备用。

4 锅内加入鸡汤、南瓜汁，调味勾芡，把加工好的豆腐放入容器中，浇上南瓜汁，再放上羊肚菌、虫草花即可。

特色 汤汁鲜美，口感细腻。

创意 自制豆腐配上金汁、羊肚菌，口感丰富，营养美味。

兰花鲜鲍脯

主料

珍珠鲍	10只
鲢鱼尾	2条

辅料

小南瓜	1个
西蓝花	200克
小黄瓜	250克
葱	50克
姜	50克

调料

盐	75克
自制鲍汁	300克
二汤	1500克
干淀粉	100克
油	15克
鸡汁	15克
鸡蛋	1个

做法

1 葱、姜各25克炒香，放入二汤烧开，调入盐10克、鸡汁15克，放入珍珠鲍煨制25分钟。

2 将南瓜切片，挖成梯形备用。

3 鲢鱼尾绞成蓉，调入葱姜水、盐、鸡蛋清、干淀粉打上劲，将鱼蓉抹在梯形南瓜内，上蒸箱蒸熟，取出淋白汁，放置盘周围。小黄瓜去皮刻成兰花形，放在鱼蓉上面装饰。

4 取出珍珠鲍，淋上鲍汁，西蓝花炒熟，垫在珍珠鲍下面即可。

特色 鲍脯汁香味浓，兰花淡雅清香。

创意 此菜借鉴传统粤菜"百花酿豆腐"的做法，美观雅致。

秘制红烧鳄鱼掌

主料

鳄鱼掌	250克

辅料

油菜心	50克
高汤	2000克
葱	10克
姜	10克

调料

盐	5克
蚝油	8克
鲍鱼酱	3克
火腿汁	3克

做法

1 鳄鱼掌去鳞洗净，焯水后放入有葱、姜、料酒、白萝卜的焖汤中烧45分钟，取出加高汤、蚝油、葱、姜炖至软糯。

2 取高汤，加入原汤，用蚝油、鲍鱼酱、火腿汁调成蚝皇汁，放入煲好的鳄鱼掌，煨约8分钟出锅，装入盘中。

3 油菜心焯水，翻炒，摆在鳄鱼掌的两侧即可。

特色 鳄鱼掌肉质软烂，汁香味浓；油菜心碧绿爽脆，清新爽口。

创意 鳄鱼掌炖制后用蚝皇汁煨至入味，一道滋补佳肴。

枸杞海参捞鱼面

主料
水发辽参	1条
鱼肉	300克

辅料
葱姜水	10克
浓汤	50克
菜心	1棵
枸杞子	1颗
金瓜汁	适量

调料
干淀粉	5克
蛋清	1个
盐	2克
糖	1克
鸡粉	3克

做法

1 将辽参洗净，焯水备用。鱼肉去刺，切片，冲水控干，加入葱姜水，打成鱼蓉，过一遍筛，加入盐打上劲，加入干淀粉、蛋清打均匀，放入冰箱冷冻一下。

2 将鱼蓉装入裱花袋，挤入40℃的热水中余成鱼面备用。浓汤加热备用。

3 将鱼面放入容器，放上海参。锅内放浓汤、金瓜汁、盐，调味后勾芡，浇入盘内的菜品上，点缀枸杞子即可。

特色 辽参软糯，鱼面香滑，汁鲜味浓。

创意 以鱼肉制成鱼面，老幼皆宜。

热情果酱焗银鳕鱼

主料

银鳕鱼	100克	芒果丁	5克
		分子泡沫	2克
辅料		苦菊	5克
蛋黄酱	100克	鱼子酱	2克
法国黄芥末膏	10克		
炼乳	5克	**调料**	
土豆粉	2克	盐	2克
西瓜丁	5克	糖	2克
猕猴桃丁	5克	胡椒粉	2克
		白兰地	2克

做法

1 鳕鱼加盐、糖、胡椒粉、白兰地腌15分钟，去净多余的水分。

2 蛋黄酱加入法国黄芥末膏、炼乳、土豆粉搅拌均匀，抹在腌制好的鳕鱼上，入200℃烤箱烤制15分钟，装盘。

3 将西瓜丁、猕猴桃丁、芒果丁装入玻璃管内，封上自制分子泡沫，摆入餐具内，配上干净的苦菊和鱼子酱。

特色 酱香浓郁，口感细腻。

创意 一道中西融合菜品，做法新颖，成菜别致。

时尚鲜鲍配鱼饺

主料

鲜鲍鱼	1只	浓汤	100克
黑鱼	50克	鲍汁	100克
虾仁	10克		

辅料

调料

虫草花	1克	盐	1克
		鸡汁	2克
		水淀粉	50克

做法

1 鲜鲍鱼宰杀，洗净，用二汤煲好。

2 黑鱼去刺，切成大片，用蛋清、盐腌制一下。虾仁去虾线，制成虾泥。

3 把虾泥酿入鱼片中，放入蒸箱蒸5分钟。将浓汤、鲍汁分别调味、勾芡后备用。将鲍鱼和鱼饺分别放入容器，鱼饺中浇入浓汤。鲍鱼中浇入鲍汁，点缀虫草花即可。

特色 鱼饺嫩滑爽口，鲍鱼劲道，营养均衡。

创意 以鱼片包入虾泥制成饺子状，新颖独特。

薯泥酱香焗蜗牛

主料
带壳蜗牛　250克

淡奶油　　5克
炼乳　　　5克
牛奶　　　5克

辅料
土豆泥　　100克
黄油　　　10克
法国香草　50克
干葱碎　　10克

调料
盐　　　　5克
鸡粉　　　2克

做法

1　土豆泥加入炼乳、牛奶搅拌均匀，用裱花袋挤入餐具内。

2　带壳蜗牛摘洗干净，焯水。

3　锅中放入少许黄油，加干葱碎炒香，放入蜗牛、法国香草、淡奶油翻炒，加盐、鸡粉调味后装入蜗牛壳内，摆在挤好的薯泥上，入200℃烤箱烤制15分钟。

奶香浓郁，蜗牛清香软韧。

创意　蜗牛用香料焗后加薯泥烤制，解腻的同时丰富了口感。

双椒白玉东星斑

主料

东星斑	1条
鲢鱼尾	2条

辅料

红剁椒	300克
黄剁椒	300克
凉瓜	250克
香葱	100克

调料

盐	8克
鸡蛋	1个
干淀粉	100克

做法

1 东星斑宰杀干净，斜刀片成片，腌制备用。

2 鲢鱼尾宰杀干净，切片，冲水，去血，打成鱼蓉，加入盐、鸡蛋清、干淀粉上劲备用。

3 东星斑片卷成卷，分两份，均匀放上红剁椒、黄剁椒，上蒸箱蒸熟装盘，撒上葱花，淋油。凉瓜焯水，垫在鱼卷下面。

4 锅内烧水，将鱼蓉汆成鱼丸，捞出，加盐翻炒出锅，放置双椒鱼卷中间即可。

特色 东星斑肉质细腻，口感嫩滑，双椒酸辣可口，鱼丸爽滑洁白，此菜集口感、口味、造型于一体，融美味美感于一身。

创意 一道菜两种口味，做法新颖，创意满分。

深海舒归

主料

深海三文鱼	50克
鲍鱼	20克
蟹柳	15克
西芹粒	8克
洋葱粒	6克

辅料

黑水榄	5克
果冻小鱼	1条
墨鱼子	10克

调料

沙拉酱	10克
红酒贵妃汁	40克

千层酥皮原料

A.面粉	500克
鸡蛋	1个
黄油	5克
B.黄油	450克
面粉	200克

做法

千层酥做法

A料加入适量水和成水油面团，入冰箱冷藏1小时左右，B料搓匀成油面，放入冰箱冷藏1小时左右，将B包入A，擀成厚1~2厘米、长5~8厘米的长方形面皮，再将其叠成三折，擀开，再反复叠三次后，擀成厚5~8厘米的面皮，横切成两块，入冰箱稍冻，取出后横向切成1~2毫米厚的面皮即可。

菜品做法

将主料炒制成馅，取千层酥皮包馅，下五成热油锅中炸熟，用裱花袋挤沙拉酱点缀入盘，周围摆上墨鱼子，点缀果冻鱼，放上炸好的酥皮，浇上调好的红酒贵妃汁，摆上黑水榄即可。

特色 香酥鲜嫩，咸甜适口，酒香浓郁。

金米双椒牛仔粒

主料

进口冷牛肉 500克

辅料

黄金米	100克
鸡蛋	1个

调料

盐　0.5克

辣鲜露	0.2克
辣椒丝	0.2克
小米辣	0.5克
鲜花椒	0.5克
干淀粉	10克
色拉油	50克

特色 牛肉软嫩，咸鲜麻辣。

创意 炒饭加牛肉粒的组合，中西结合，风味独特。

做法

1 牛肉化冻，去筋切成方形粒状，加盐、干淀粉腌一下。西餐锅加少许色拉油，煎至七成熟备用。

2 黄金米煮熟，控干水备用。鸡蛋取蛋黄，放蒸箱蒸熟，切成小粒。锅内放少许色拉油，加蛋黄粒、黄金米翻炒，用圆模具做成圆形，放在容器中。

3 锅内放少许油，加辣椒丝、小米辣、花椒炒香，加煎好的牛仔粒，加辣鲜露调味，翻炒均匀，装入容器中即可。

双色天山雪莲

主料

天山雪莲　　30克

黑鱼子酱　　0.2克
鸡汤　　　　150克

辅料

木瓜　　　　1个
猕猴桃　　　2个
红鱼子酱　　0.2克

调料

糖　　　　　5克
水淀粉　　　10克

做法

1. 雪莲用冷水泡软、涨发，控干水，用竹签挑出杂物，处理干净备用。

2. 木瓜去皮、去籽，切成粒，放蒸箱蒸熟，用打汁机打碎备用。

3. 鸡汤分两锅烧开，一边加入木瓜汁，一边加入猕猴桃汁，分别加糖调味勾芡。

4. 两种不同颜色的汁同时盛入一个容器中，成太极状，放上雪莲，一边点缀红鱼子酱，一边点缀黑鱼子酱即可。

特色　造型美观，口味香甜。

创意　两种口味，养生保健，美容养颜。

玉菇水晶鹿筋球

主料
河虾仁	350克
鹿筋	300克

辅料
上海青	6棵
红彩椒	50克
葱	50克
姜	50克
白玉菇	少许

调料
盐	6克
胡椒粉	15克
干淀粉	100克
油	15克

做法

1 河虾仁去虾线，剁成虾泥，加入盐、胡椒粉、葱姜水，打至上劲，加入少许干淀粉备用。

2 鹿筋用水泡发好，去掉油脂层，切成丁备用。

3 上海青雕成莲花状，红彩椒刻成火焰状备用。

4 将虾泥与鹿筋丁一起搅拌上劲，团成乒乓球大小，上蒸箱蒸熟取出。上海青焯水，过凉，垫底装盘。火焰彩椒放至鹿筋球上面。另起锅打白汁玻璃芡，淋在鹿筋球上面，点缀白玉菇即可。

特色 鹿筋选用梅花鹿的四肢筋，其功效益处颇多。河虾仁晶莹剔透，两者结合，营养丰富。

创意 以虾仁、鹿筋制成鹿筋虾球，做法新颖。

水晶雪梨配牛腩

主料
牛腩　　　　200克
苹果梨　　　300克

辅料
薄荷叶　　　　1片
葱　　　　　　5克
姜　　　　　　2克
蒜　　　　　　3克
奶汤　　　　500克
干淀粉　　　　5克

调料
白酒　　　　　5克
花雕酒　　　　10克
油　　　　　100克
香辣椒　　　　10克
胡玉美辣椒酱 5克
鸡粉　　　　　2克
八角　　　　　2克
香叶　　　　　2克
盐　　　　　　2克
红油　　　　　2克

做法

1 将牛腩切成小块，清洗干净，用白酒、花雕酒焯水去腥，倒出控掉水分。再向锅内加入油，加葱、姜、蒜、八角、香叶、香辣酱、辣椒酱炒香，加入牛腩、白酒翻炒，放入奶汤大火烧开，加盐、鸡粉调味，小火慢炖1.5～2小时，熄火浸泡2小时。

2 苹果梨去皮，用刀切去头部，挖出中间梨核，用糖水小火煮30分钟备用。

3 锅内放入加工好的牛腩和汤汁，勾芡，淋少许红油，盛出装入苹果梨中，扣在各器皿上，点缀薄荷叶即可。

特色　肉质酥烂，搭配苹果梨，清爽解腻。

创意　借鉴萝卜炖牛腩的做法，用梨替代萝卜，增加口感的同时，能有效解腻。

私房秘制丽江鱼

主料

丽江斑鱼	350克

辅料

春卷皮	150克

调料

海鲜酱	30克
排骨酱	20克
冰糖	15克
鸡饭老抽	15克
鸡粉	10克
料酒	30克
盐	3克
葱	30克
姜	30克
八角	5克
花椒	5克
香叶	5克
陈皮	5克

做法

1 丽江斑鱼洗净，切成块，加盐、葱、姜腌制备用。

2 春卷皮切成丝，卷入圆柱形模具中，低油温炸成高约10厘米的金丝柱备用。

3 将腌制好的丽江斑鱼炸干，用海鲜酱、排骨酱、冰糖、鸡饭老抽、鸡粉、料酒、八角、花椒、香叶、陈皮调汁，卤约20分钟，收汁，出锅装盅即可。

特色 造型时尚，丽江斑鱼口感鲜嫩。

创意 鱼肉改刀后先腌制再炸，然后用香料卤制，口感鲜嫩，酸甜可口。

松露百花酿辽参

主料

水发辽参	1条
虾仁	20克

辅料

松露	10克
鸡汤	150克

调料

盐	2克
花雕酒	10克
糖	2克
胡椒水	2克
蛋清	1个
干淀粉	5克

特色 菌香浓郁，辽参软滑。

创意 虾肉中加入菌中之王松露，既增加营养又起到增香去腥的功效，菜品菌香浓郁，口感软韧。

做法

1 将辽参去肠，洗干净，加盐、花雕酒腌制，沥水，锅内放入油烧至五成熟，将辽参过油，然后再沥一遍水备用。

2 虾仁去虾线，用毛巾吸干水，再用刀拍碎，剁成虾泥，加盐、胡椒水、蛋清打上劲备用。松露去皮，切成条，沥水备用。

3 把辽参用毛巾吸干水，酿入虾泥、松露，放入蒸箱蒸5分钟，取出备用。

4 锅内放入鸡汤，加盐、糖调味，烧开勾芡，放入辽参，沾裹均匀汤汁，捞出放入容器中即可。

圣果酥皮小牛扒

主料

牛肉	200克
酥皮	1张

辅料

胡萝卜	3克
尖椒	3克
干淀粉	2克
小葱	2克
鸡蛋	1个

调料

盐	1克
糖	2克
生抽	1克
花生酱	2克

做法

1 将牛肉的筋去掉，切成末备用。

2 胡萝卜切成粒，尖椒切成粒，小葱切成末，和牛肉末一起放入干净盆中，加入盐、糖、生抽、花生酱用力打5~10分钟至上劲，加入蛋清、干淀粉拌匀。

3 酥皮化冻，改刀成大片，切成长四方形，放上牛肉，卷成卷，刷上蛋黄，放入烤箱，烤5~10分钟即可（上火200℃，下火180℃）。

特色 外酥里嫩，干香可口。

创意 牛肉馅加入各种辅料调味后，用酥皮卷好烤制，口味香浓，既有点心的特色又有热菜的风范，营养均衡，造型美观。

西湖鱼米伴红颜

主料

鲢鱼尾	500克

辅料

番茄	250克
彩椒	25克
玉米粒	25克
葱、姜	各50克

调料

盐	6克
鸡粉	5克
糖	5克
胡椒粉	5克
水淀粉	适量

做法

1 将鲢鱼尾去皮、去骨，打成鱼蓉，加葱姜水上劲，入水锅氽成鱼米备用。

2 番茄改刀成花边形器皿，备用。

3 锅烧热，放入底油，用葱、姜炝锅，放入鱼米、彩椒丁、玉米粒，加盐、鸡粉、糖、胡椒粉调味，用水淀粉勾芡，装入加热过的番茄盅中。

特色 鱼米滑嫩，颜色丰富。

创意 鱼肉做工精细，荤素搭配合理，盛入红色小番茄盅内，营养丰富，色彩艳丽。

太子菌菇黄金菜

主料

黄金白菜	50克

辅料

雪菇	10克
虫草花	2克
太子参	2克

豆苗	1克
枸杞子	1颗
鸡汤	150克

调料

盐	0.5克

做法

1 将黄金白菜手撕成片，卷成玫瑰花状。

2 将太子参泡软，处理干净，放入蒸箱蒸20分钟。虫草花焯水。雪菇切成片，焯水备用。

3 鸡汤上锅烧开加盐调味，将黄金白菜放入容器中，加入雪菇、太子参、虫草花，浇上鸡汤，放入蒸箱蒸5～10分钟，点缀豆苗、枸杞子。

特色 汤汁鲜美，白菜清口。

创意 此菜借鉴国宴菜——开水白菜，加入了菌类、参片、枸杞子等原料，使菜品造型更美观，营养更丰富。

泰式松茸焗鸭脯

主料
鸭脯　　　350克

松茸　　　100克

调料

辅料

青柠檬	100克
胡萝卜	200克
洋葱	200克
西芹	200克
香菜	150克
白玉菇	150克
花叶生菜	15克

阿根廷调料	50克
甜柿子椒粉	50克
蚝油	15克
白糖	25克
橄榄油	100克
盐	10克
黑胡椒粉	10克
美极鲜酱油	25克

做法

1 胡萝卜、洋葱、西芹、香菜榨成菜汁，调入阿根廷调料、甜柿子椒粉、蚝油、白糖、盐、胡椒粉、美极鲜酱油调成汁，将鸭脯放入菜汁中，揉搓至入味，腌制5小时备用。

2 松茸、白玉菇煎香，装盘，用生菜垫底，青柠檬切片备用。

3 将鸭脯取出，切成0.5厘米厚的片，用橄榄油煎熟，撒上黑胡椒粉，出锅装盘。

特色　鸭脯肉的营养价值很高，蛋白质含量约15%，比畜肉含量高得多，而且鸭脯肉脂肪含量只有1.5%，纤维较为松散，肉质鲜嫩。中餐西做，味与形的中西餐结合。

创意　鸭胸脯腌制入味后煎熟装盘，搭配菌中之王松茸，养生保健，味道丰富。

推纱望月

主料
西湖鲢鱼蓉 125克

辅料
进口蟹籽酱　40克
鲜芦笋　　　10克
野生竹荪　　5克
枸杞子　　　1颗

干淀粉　　　15克

调料
藏红花汁　　5克
清汤　　　　120克
盐、糖、鸡汁各
少许

做法

1　将鱼蓉加盐、淀粉打匀上劲，包入蟹籽酱，用模具制成月饼形，蒸7分钟取出。

2　锅内放入清汤烧开，加入红花汁、盐、糖、鸡汁调好味，把蒸好的鱼月饼放入容器内，用发好、煨制入味的竹荪盖住半边，浇入调好的红花清汤汁，点缀枸杞子和焯好水的芦笋即可。

特色　口感滑嫩，汤鲜味美。

创意　此菜选用珍品红花汁、秘制宫廷清汤调制，体现了感官形式上的创新，口感和美感兼具，有着"众里偶遇亦如故，只在推纱望月时"的意境。

问政鲜笋丝

主料			芦笋	5克
鲜笋	50克		虫草花	2克
鸡汤	150克		枸杞子	1颗
辅料			**调料**	
南瓜	10克		盐	0.5克

做法

1 将鲜笋去皮、洗净，切成丝，焯水，用鸡汤小火煲10分钟。

2 南瓜切成片，用圆形模具刻出形状，放蒸箱蒸2分钟备用，放入容器中。

3 鸡汤烧开，加盐调味，浇入容器中，点缀芦笋、虫草花、枸杞子即可。

特色 汤清味浓，配料讲究，营养均衡。

创意 鲜笋切丝，用鸡汤煲制入味，便于食用。此菜加入南瓜，南瓜含有维生素和果胶，有很好的营养保健作用，两者搭配，造型美观。

五谷养心翅

主料
金勾翅　　　50克

辅料
芡实、薏米、
藜麦、红豆、
野米　　　各5克
浓汤　　　150克

枸杞子　　　1颗
豆苗　　　少许
葱　　　　　5克
姜　　　　　5克

调料
盐　　　　　3克
鸡粉　　　　3克

糖　　　　　3克
红花汁　　　5克
水淀粉　　　10克

做法

1　金勾翅加浓汤、葱、姜煨制入味。

2　将芡实、薏米、藜麦、红豆、野米洗净，蒸好
　备用。

3　锅内加入浓汤、盐、鸡粉、糖、红花汁调味，
　放入蒸制好的五谷，用水淀粉勾芡。

4　将金勾翅放入器皿内，浇入调制好的五谷浓汤
　汁，点缀枸杞子、豆苗。

特色

鱼翅软糯、香气扑鼻、汁浓味厚、五谷养心。

创意

将芡实、薏米、藜麦、红豆、野米等一起做成五
谷汤，搭配金勾翅，使鱼翅带有各种谷类的浓香
味道。

西湖莲藕鸳鸯船

热菜

主料

白莲藕　　　2根

辅料

粉丝　　　　250克
黄金丝网　　1包

调料

白糖　　　　250克
卡夫奇妙酱　150克
炼乳　　　　50克

做法

1　白莲藕去皮，一根改刀成船形，用开水焯熟，装盘备用。另一根改刀成长条形，焯熟，吸干水分备用。

2　将粉丝、黄金丝网炸好，搓碎备用。卡夫奇妙酱加入适量的炼乳调成酱。

3　锅内加色拉油烧热，放入白糖，小火熬成糖浆，放入一半焯水的莲藕条，裹好糖浆后均匀地沾上炸好的粉丝，装入莲藕船仓内。

4　另一半莲藕条加入调好的卡夫奇妙酱拌匀，沾上炸好的黄金丝网碎，装入莲藕船仓内即可。

特色　一菜两味，外酥里脆，香甜适口。

创意　菜品造型美观，口味独特，中西融合。莲藕情意悠远，色彩和谐，食之让人留下深刻的记忆。

西式焗香排

主料

鸡胸肉	200克
虾仁	50克

辅料

肠衣	20克
胡萝卜	10克
尖椒	10克
奶汤	150克
玫瑰花	2片

调料

盐	0.5克
鸡粉	0.2克
色拉油	10克
蛋清	1个
干淀粉	5克
阿根廷调料	0.2克

做法

1 将鸡胸肉洗净，剁成鸡肉泥备用。肠衣化冻，冲去盐水备用。虾仁冲水化冻，用毛巾吸干水分，用刀拍碎，剁成虾泥。

2 将胡萝卜切成小丁，尖椒切成小丁备用。

3 将鸡肉泥、虾泥放在一起，加盐、鸡粉、胡萝卜、尖椒、阿根廷调料打均匀，加蛋清、干淀粉打上劲备用。

4 将打好的鸡肉酿入肠衣中，两头挤好，用奶汤小火煮5~10分钟。将煮好的香排切好，取西餐锅加少许油加热，煎至黄色，放入盘中，用玫瑰花装饰即可。

特色 中西融合，做法新颖。

鲜奶椰香烩桃胶

主料

桃胶	50克

辅料

鲜牛奶	100克
椰汁	2听
枸杞子	1颗

调料

糖	50克
鹰粟粉	10克

做法

1 桃胶用清水泡发5小时，摘洗干净，焯水，用糖水小火煨制后倒出，控净水分。

2 锅内加牛奶、椰汁、糖烧开，勾入适量的鹰粟粉，倒入煨制好的桃胶，搅匀后盛入用椰壳做成的器具内，点缀桃胶、枸杞子。

特色 口感滑嫩，椰汁甜香，营养丰富。

创意 此菜品用新鲜的椰子壳做器皿，用鲜椰汁加牛奶、白糖调味，配以桃胶。古有记载，桃胶通津液、美容、安神、养颜，是天然的驻颜补品。

蟹黄芙蓉蛋

主料

鳜鱼肉	200克	蛋清	1个
鸽子蛋	3个	干淀粉	10克
		春卷皮	3张

辅料

		调料	
大闸蟹	2只	盐	0.5克
胡萝卜	5克	糖	0.2克
葱	5克	色拉油	10克
姜	5克		

特色 鱼肉鲜嫩，蟹香浓郁。

创意 菜品营养价值极高，制作工艺和形状更加生动逼真，在蛋壳中做文章，充分体现了厨师高超的技艺和创意构思。鱼蓉洁白透亮，口感鲜嫩，蟹味浓郁，形似鸽蛋，玲珑剔透。

做法

1 将鳜鱼宰杀洗净，去骨去刺，切片，冲水2～3小时。葱、姜切丝，做葱姜水。取料理机，加鱼肉、葱姜水打成鱼泥，过筛，加盐、蛋清、干淀粉打上劲备用。

2 大闸蟹放蒸箱蒸熟，取出蟹黄、蟹肉，切成末。姜、胡萝卜切成末，过油炸干，留少许油，放入姜末、胡萝卜末炒香，加入蟹肉、蟹黄翻炒，放凉备用。

3 春卷皮切丝，用六成热油温炸成雀巢备用。

4 把鸽子蛋打开一个小口，取出蛋清、蛋黄，蛋壳洗净，酿入鱼蓉、蟹黄，用60℃温水煮熟，用刀切开，装盘即可。

鱼子金酱玉带皇

主料
澳带皇　　　200克

辅料
红鱼子　　　15克
红薯　　　　100克
薄荷　　　　15克

调料
卡夫奇
妙酱　　　　250克
黄芥末膏　　50克
盐　　　　　5克
鸡蛋　　　　2个
炼乳　　　　25克
黄油　　　　10克

做法

1 将卡夫奇妙酱、黄芥末膏、盐、蛋黄、炼乳调合成金酱，放入容器内，入烤箱用上下火各200℃烤15～20分钟。

2 澳带皇加盐腌制入味，用黄油煎制成熟，放在烤好的金酱上面。

3 红薯切丝，高油温炸成金丝，均匀的放在煎熟的澳带上，点缀薄荷叶芽尖，放上红鱼子装饰即可。

特色　鱼子酱是世界三大珍馐之一的美味，配上深海澳带皇和西式金酱，美味可口。

创意　菜品选料中西融合，在浓郁美味的西式金酱中搭配酥脆的红薯丝，口感更鲜香，营养均衡。

新西兰煎小羊排

热菜

主料
新西兰羊排 100克

辅料
蔬菜丝	12克
洋葱圈	10克
芦笋	8克
圣女果	5克

调料
阿根廷调料	8克
黄油	10克
比萨酱汁	15克
盐	3克
西餐汤	8克
黄汁粉	5克

做法

1 将新西兰羊排用阿根廷调料腌制入味。

2 把芦笋、蔬菜丝清炒后摆入盘中，腌制好的羊排放入西餐锅内，加入黄油煎熟，摆入盘中的菜丝上。

3 锅中下入比萨酱汁、黄汁粉、西餐汤，加盐调味，大火收汁，淋在羊排上，点缀圣女果即可。

特色 羊排细嫩，酱汁浓郁。

创意 此菜选用新西兰进口的羊排为原料，加上多种西式调料精心制作而成，肉质鲜嫩，汁香味美。

雪菇京葱辽参皇

主料

关东参	1条

辅料

大葱	10克
雪菇	10克

调料

盐	2克
花雕酒	10克
秘制葱烧汁	50克
糖	0.2克
葱油	0.5克

特色 辽参软韧，葱香浓郁。

创意 这道菜借鉴了葱烧海参的烹调技法，在传统名菜的基础上，加入纯天然的珍稀名贵食用菌雪菇，具有特殊的药用效果。此菜既保持了传统的制作工艺又体现了更新颖、更美观的设计理念。

做法

1 锅内加水，放入盐、花雕酒烧开，放入辽参焯水。锅内加油烧至六成热，下入辽参过油，再焯水备用。

2 大葱改刀成段，入油锅炸至金黄色。雪菇切片，煎至金黄。

3 锅内加入葱烧汁，烧开调味，放入辽参、大葱，小火收汁，出锅放入容器，淋上少许葱油，摆上雪菇即可。

燕麦山药煮辽参

主料		山药	5克	调料	
水发辽参	1条	胡萝卜	5克	盐	2克
		青笋	5克	糖	3克
辅料		浓汤	50克	鸡粉	2克
燕麦	5克			水淀粉	10克

做法

1 辽参洗净，焯水备用。

2 燕麦煮熟，山药、胡萝卜、青笋切丁，焯水备用。

3 将浓汤加热，加盐、糖、鸡淀粉调味，用水淀粉勾芡，放入山药丁、胡萝卜丁、青笋丁、燕麦，再放入辽参，浇入浓汤即可。

特色

汁香味醇，营养丰富。

创意

浓汤中加入燕麦，既有燕麦的香气又有浓汤的味道，山药健脾胃，海参补肾精，此菜演绎了粗粮和高档原料搭配的新口味。

滋补阿胶烩鱼唇

热菜

主料

鱼唇	50克	豆苗	1棵
阿胶	5克	葱	适量
浓汤	60克	姜	适量

辅料

调料

蟹黄	0.2克	花雕酒	10克
枸杞子	1颗	盐	0.2克
		冰糖	2克

做法

1　鱼唇用凉水泡24小时，泡软后用刀将鱼骨去掉，加葱、姜、花雕酒发至软糯。

2　阿胶加工成末，用砂煲小火熬40分钟，加花雕酒、冰糖、蟹黄备用。

3　将煨好的鱼唇放入容器中，浓汤中加入阿胶（3:1的比例），浇在鱼唇上，点缀豆苗、枸杞子即可。

特色　汤汁浓厚，营养滋补。

创意　此菜借鉴黄焖鱼翅的做法，汤内加了名贵的阿胶，提升了营养价值，更加有益健康。

养生白汁河豚鱼

主料

河豚鱼	300克	枸杞子	1颗
		虫草花	1克

辅料　　　　　　　**调料**

奶汤	500克	白酒	5克
葱	5克	啤酒	10克
姜	5克	豆油	30克
蒜	5克	猪油	20克
菜心	1棵	盐	2克

特色　汤鲜味美，营养丰富。

创意　此菜选用优质的河豚鱼，烹制时选用了纯净水，加入了适量奶汤，味道更加鲜美浓郁。

做法

1　将河豚鱼杀好洗净，鱼肝切成花状。锅内加入纯净水，加白酒，将河豚鱼皮焯水，备用。

2　豆油烧热，加葱、姜、蒜，将鱼肝炒香，放入河豚鱼，倒入白酒、啤酒翻炒几下，加入奶汤、纯净水，小火慢炖25分钟左右，放入鱼皮，大火收汁即可。

3　将河豚鱼捞出，放入容器中，原汤加盐调味，浇入容器，放入菜心、枸杞子、虫草花点缀即可。

养生芙蓉酿玉盏

主料
鲢鱼尾　　　500克
大闸蟹　　　1只
黄瓜　　　　15克
鸡汤　　　　150克
葱　　　　　10克
姜　　　　　10克

辅料
胡萝卜　　　10克
蛋清　　　　1个
枸杞子　　　1颗
干淀粉　　　30克
浓缩鸡汁　　50克

调料
色拉油　　　50克
盐　　　　　0.5克
糖　　　　　0.2克
水淀粉　　　10克

特色　鱼蓉鲜嫩，蟹香浓郁。

创意　此菜将打制好的鱼蓉酿入盏内，加入了用蟹黄、蟹肉炒制的馅料，口感滑爽。

做法

1 鲢鱼尾去鳞、去皮、去骨刺，洗净，切成片，冲洗干净。葱、姜切丝，泡水，用榨汁机将鱼肉、葱姜水打成鱼泥，过滤一遍，加盐打上劲，加干淀粉、蛋清打均匀，备用。

2 大闸蟹洗净，放蒸箱蒸熟，取出蟹肉、蟹黄，切成末备用。胡萝卜、姜切末备用，锅内加入色拉油，下入胡萝卜、姜末炸干，盛出。锅内放入少许油，下入胡萝卜、姜末炒香，加入蟹黄、蟹肉翻炒出锅备用。

3 取出锡纸杯，酿入鱼肉、蟹黄、蟹肉，放蒸箱蒸3～4分钟，放容器中。黄瓜切片，用小刀改成小草状备用。

4 锅内加入鸡汤、浓缩鸡汁、盐、糖烧开，用水淀粉勾芡，浇在鱼蓉上，点缀枸杞子即可。

养生节瓜白玉环

主料

白玉菇	15克	豆苗	少许
节瓜	10克	枸杞子	1颗
		竹荪	5克

配料

		调料	
金瓜汁	10克	盐	0.5克
清汤	150克	水淀粉	5克
鲜芦笋	10克		

做法

1. 将白玉菇洗净改刀，焯水后用清汤煨制5~10分钟，捞出备用。

2. 将节瓜改刀，用圆形花模具刻成玉环状，放入蒸锅内蒸5分钟备用。

3. 将蒸好的节瓜环放入容器内，焯水后的芦笋套上竹荪，摆入盘中的玉环内，再摆入白玉菇。

4. 锅内放入清汤、金瓜汁、盐，调味后勾芡，浇入盘内的菜品上，点缀枸杞子、豆苗即可。

特色 造型美观，汤鲜味美。

创意 这道菜选用了优质的白玉菇、竹荪，配以节瓜环、芦笋，造型美观，色泽艳丽，口味清鲜，素雅漂亮，养生保健。

养生金汤烩地参

主料

小胡萝卜	60克	蛋清	1个
虾仁	20克	**调料**	
辅料		盐	0.5克
南瓜汁	10克	胡椒粉	1克
鸡汤	150克	鸡粉	0.2克
枸杞子	1颗	干淀粉	5克
		水淀粉	10克

特色 胡萝卜的脆爽与虾泥的嫩滑完美融合，汤汁成鲜。

创意 这道菜将虾泥酿入小胡萝卜中，蒸后淋入调制的金汤，装入镜面的盘内，白黄相映，非常完美的搭配。

做法

1 将小胡萝卜洗净、削皮，用雕刻刀雕成如图的形状备用。

2 将虾仁化冻，用毛巾吸干水，拍碎，剁成虾泥，加盐打上劲，再加少许胡椒粉、水、蛋清、干淀粉，打好备用。

3 将虾泥酿在小胡萝卜上，放入蒸箱蒸5～6分钟。

4 锅内放入鸡汤烧开，加南瓜汁、盐、鸡粉，调味勾芡，放入蒸好的小胡萝卜，浇上金汤，点缀枸杞子即可。

养生金汤烩口蘑

主料

鲜口蘑	10克
金瓜	5克

辅料

金瓜汁	10克
鸡汤	150克
豆苗	少许
枸杞子	1颗

调料

盐	0.5克
鸡粉	0.2克
水淀粉	5克

做法

1 将鲜口蘑洗净，去掉菇柄，在上面切十字花刀，焯水，用鸡汤小火煨5～10分钟，捞出备用。

2 将金瓜切厚片，用圆形模具刻成金环状，放入蒸箱蒸3～5分钟，备用。

3 将蒸好的金瓜圈放入容器，放上口蘑，锅内加入鸡汤，用金瓜汁、盐、鸡粉调味，用水淀粉勾芡，浇在口蘑上，点缀枸杞子、豆苗即可。

特色 一款养生素菜，清爽利口。

创意 这道菜选用了优质的鲜口蘑、金瓜为原料，加以清鸡汤、金瓜汁精心制作而成，清香可口，色泽美观。

紫薯晶莹玉带皇

主料

虾仁	200克
澳带	260克
紫薯	200克

辅料

上海青	300克
鱼子	15克
薯片	30克
葱	25克
姜	25克
清汤	50克

调料

盐	6克
糖	15克
胡椒粉	10克
干淀粉	10克
油	15克
炼乳	10克
小淀粉	10克

做法

1 将虾仁去虾线，澳带洗净，一起剁成泥，加入盐、胡椒粉、葱姜水打至上劲，加入少许干淀粉备用。

2 将紫薯蒸熟，制成蓉，加入白糖、炼乳，放入裱花袋内。

3 上海青雕成莲花状。将打制好的鲜虾玉带泥团成球状，放入上海青上，入蒸箱蒸熟，取出，摆入盘内，点缀鱼子。

4 锅上火，加清汤、盐调味，勾芡，淋在菜品上，将薯片摆在玉带皇周围，挤上紫薯泥即可。

特色 造型美观，做法新颖，营养丰富。

创意 这是一道很好的创意菜品，选用优质的澳带、虾泥、上海青为原料，造型美观，一道菜两个口味。

一品黄金香卤肉

主料

精五花肉	750克

辅料

橘瓜	8个
贡米	100克
菜心	8棵

调料

盐	10克
冰糖	200克
生抽	50克
干辣椒	5克
八角	3克
香果	2克
香草	2克
葱	50克
姜	50克
料酒	10克

特色 用此法炖制猪肉，酥软可口，不油不腻。

创意 这道菜在传统的红烧肉的做法上加以改良，将搭配贡米，非常解腻，更加符合现代人对美食营养均衡的要求，肥而不腻，软糯适口，造型美观。

做法

1 精五花肉改刀成4厘米见方的块，焯水后放入油锅，炼去肥油。冰糖炒成糖色，放入肉块煸炒，加入生抽、干辣椒、八角、香果、香草、葱、姜翻炒，加入料酒、水、盐炖制1.5小时。

2 橘瓜用花刀修开，去瓤，入蒸箱蒸熟。贡米洗净，蒸熟，置于已经蒸熟的橘瓜内备用。

3 把卤肉放入橘瓜内的贡米上，取原汁打芡，淋在卤肉上，搭配菜心。

益寿海马鲜鲍鱼

主料

鲜鲍鱼	1只	清汤	400克
（3头）		干淀粉	10克

辅料

调料

干海马	1只	葱	10克
羊肚菌	2枚	姜	10克
枸杞子	1颗	料酒	10克
菜心	1棵	盐	3克

做法

1　干海马泡发，加葱、姜、料酒蒸1.5小时，取出。

2　羊肚菌泡发，加干淀粉搓洗干净，加葱、姜蒸10分钟。

3　清汤加盐调味，放蒸箱蒸15分钟。

4　鲜鲍鱼改花刀，焯水，放入汤盅内，加入羊肚菌、海马，入蒸箱蒸5分钟取出，放枸杞子、菜心装饰即可。

特色　汤清味鲜，营养丰富。

创意　这道菜选用了优质的鲜鲍鱼、羊肚菌及珍贵的海马。羊肚菌是纯天然的名贵食用菌，被誉为"菌中之王"，提高了营养价值，强身健体，为滋补佳品。

意式风情虾

主料

大明虾	100克

配料

马苏里拉芝士碎	50克
土豆泥	30克
水果沙拉	20克

绿椒丁、黄椒丁、蘑菇丁各	20克
小西红柿	2克
炸土豆丝	适量

调料

盐	2克

做法

明虾自然解冻，背部开刀，平铺开背打十字花刀，防止虾加热变形。黄油炒蘑菇丁、青椒丁、红椒丁、黄椒丁，酿在虾背部，撒上马苏里拉，挤上土豆泥，入220℃烤箱烤15分钟，取出装饰即可。

特色 虾肉鲜香，奶香浓郁。

创意 此菜品引用意大利比萨的做法，将海产与西餐做法相结合，配以土豆泥，更增加了西式口味的特点，虾鲜，香味浓郁。

玉翠珍珠鲜鱼丸

主料

西湖鲢鱼　　　　200克

辅料

深海红绿胶花菜 15克

清汤　　　　　　200克

姜　　　　　　　10克

调料

盐　　　　　　　3克

胡椒粉　　　　　3克

酸黄瓜汁　　　　25克

做法

1　西湖鲢鱼去皮，取净肉打成鱼蓉。锅内加水烧开，将鱼蓉用小勺挤成鱼丸，放入开水中，加姜片煨熟备用。

2　深海胶花用净水泡净咸味。

3　锅内下清汤，加入酸黄瓜汁、胡椒粉烧开，加盐调味，倒入器皿中，加入鱼丸、红绿胶花菜，即可。

特色　鱼丸肉质鲜嫩，加入胶花菜，荤素搭配，既增加了汤的鲜味，又让菜品色泽艳丽。

创意　这道菜选用西湖鲢鱼、深海胶花为原料，调味时选用了天然发酵的酸黄瓜汁和优质的胡椒粉，汤汁清澈，酸辣开胃。

玉兰谷司雪花牛

主料

雪花牛肉	100克

辅料

德国酸菜	10克
甜玉米片	5克
青苹果	20克
苦菊	10克
玉兰菜	10克
彩椒粒	10克
洋葱粒	10克

蒜蓉	5克

调料

黑椒粒	5克
美极鲜酱油	10克
黄油	25克
糖	5克
白兰地	10克
生抽	5克
老抽	适量
水淀粉	10克

做法

1. 将雪花牛肉自然解冻，改刀成1.5厘米厚、12厘米见方的块。西餐锅烧热，放黄油烧化，将牛肉煎至八成熟，烹入白兰地，取出。

2. 青苹果切片，用圆形模具刻成圆形，煎黄后放在盘上，撒上甜玉米片，再放上煎熟的牛肉、炒香的德国酸菜。

3. 锅内放黄油，放入彩椒粒、洋葱粒、蒜蓉、黑椒煸香，加少许水，调入美极鲜、糖、生抽、老抽，用水淀粉勾芡，淋在牛肉上，用玉兰菜、苦菊装饰即可。

特色　牛肉鲜嫩，酱汁成鲜。

创意　雪花牛肉配以青苹果、德国酸菜、新鲜的玉兰菜、苦菊，既美观又解腻养生。

玉子鲜虾龙须菜

主料

玉子豆腐	50克
鲜虾	250克

辅料

龙须菜	10克
土豆丝	10克
黑鱼子	5克

上汤	100克
金瓜蓉	50克

调料

盐	5克
糖	2克
鸡粉	2克
水淀粉	20克

做法

1 将玉子豆腐用模具改成环状，鲜虾去头，开背，留尾壳。龙须菜焯水。

2 将玉子豆腐、鲜虾装盘，入蒸箱蒸10分钟，放入龙须菜。

3 锅内下上汤，加入金瓜蓉烧开，加盐、糖、鸡粉调味后勾入适量的水淀粉，浇在蒸制好的玉子鲜虾上，点缀炸好的土豆丝、黑鱼子。

特色 豆腐软嫩细腻，虾仁鲜嫩可口，老少皆宜。

创意 这道菜选用优质的玉子豆腐、新鲜的基围虾、龙须菜为原料，搭配合理，点缀黑鱼子，质地软嫩，口味清鲜，素雅漂亮，为宴席中的养生菜肴。

御府海马烩双鞭

主料		调料	
水发裙边	50克	盐	3克
牛鞭	50克	糖	2克
海马	1只	鸡粉	2克
		葱	10克
辅料		姜	10克
浓汤	250克	花雕酒	5克
豆苗	0.2克	水淀粉	10克
枸杞子	1颗		

做法

1 裙边、牛鞭改刀后分别加入葱、姜、花雕酒、浓汤，入蒸箱蒸至软糯后去净水分。

2 海马水发后焯水，备用。

3 锅内下浓汤，加入盐、糖、鸡粉调味，放入裙边、牛鞭、海马小火烧至入味，勾入少许水淀粉，盛入餐具内，放上豆苗、枸杞子。

特色 软糯适口，汁鲜味醇，胶质丰富。

创意 这道菜借鉴黄焖鱼翅的做法，选用了优质的牛鞭、裙边为原料，增加了珍贵的海马，提高营养价值，强身健体，属滋补佳品。

长龙青笋

主料			上汤	150克
青笋	100克		**调料**	
辅料			盐	0.5克
水发桃胶	20克		糖	0.2克
南瓜汁	50克		鸡粉	0.2克
枸杞子	1颗		水淀粉	5克

做法

1 青笋去皮，清洗干净，改成蓑衣刀，焯水备用。

2 将干桃胶冷水泡发12小时，控干水，挑出杂物，处理干净，焯水备用。

3 将金瓜切片，放入蒸箱蒸30分钟，用打汁机打成泥。锅内放入上汤，加南瓜汁、盐、糖、鸡粉烧开后勾芡。

4 将青笋放入容器中，浇上浓汤，放上桃胶，点缀枸杞子即可。

特色　青笋爽脆，芡汁鲜咸略甜。做法新颖，咸鲜味浓。

创意　此菜品素食养生，绿色的青笋具有利五脏、通经脉、清胃热、利水的功效。桃胶安神养颜，两者搭配，新颖、健康。

官府太子烩龙筋

主料		枸杞子	1颗	盐	2克
龙筋	100克	葱	5克	糖	2克
辅料		姜	5克	鸡粉	2克
太子参	2克	**调料**		金瓜汁	30克
豆苗	0.2克	浓汤	250克	水淀粉	10克

做法

1　龙筋加葱、姜、水，小火煮50分钟至熟，改成3厘米长的小段，竖着切成细丝备用。

2　太子参加水，蒸制备用。

3　锅内加入浓汤、金瓜汁、盐、糖、鸡粉烧开，放入煨好的龙筋，小火收汁，勾入少许水淀粉，装入餐具内，放上太子参、豆苗、枸杞子。

特色

汤味鲜香浓郁，口感爽脆。

创意

此菜选用了上等的龙筋，名贵的中草药材太子参，加以自制浓汤精心煨制入味。

紫薯酸果培根卷

主料

培根	350克
紫薯	500克

辅料

酸果皮	150克
黄玫瑰花	1枝
甜豌豆	250克

调料

椰浆	75克
炼乳	25克
蜂蜜	15克
白糖	10克
盐	2克
水淀粉	少许

做法

1 将培根煎熟，酸果皮改刀成2.5厘米宽的长条。将培根和改好刀的酸果皮卷成卷待用。

2 紫薯去皮，上蒸箱蒸成泥，取出，加炼乳、蜂蜜、椰浆、白糖、盐调和成汁，装入裱花袋，挤至玫瑰花瓣上，待用。

3 甜豌豆焯水，去皮，放入冰水中，取出榨汁，调味，淋在酸果培根上面。

4 酸果培根、紫薯玫瑰装盘。

特色 酸甜可口，造型美观。

创意 此菜选用培根与酸果皮、甜豌豆制作成菜肴，搭配紫薯，彰显创意时尚。

橘瓜三宝翅

主料
橘瓜	1个
20头干鲍	1只
关东参	1条
鱼翅	50克
水发裙边	150克

辅料
枸杞子	1颗
香椿苗	1棵
葱、姜	各50克

调料
盐	2克
鸡粉	25克
鸡汁	15克
浓汤	300克
二汤	3000克
姜汁	50克
花雕酒	50克
蚝油	3克
糖	8克
藏红花	10克
水淀粉	10克

做法

1 将干鲍、鱼翅、裙边泡发，煨制入味，关东参入姜汁酒水中焯水。

2 另起锅，入葱、姜煨香，加入二汤，调入鸡汁、鸡粉，过滤出葱、姜，将焯水后的主料放入二汤内煨制15～20分钟。

3 瓜戳出花纹，去掉瓜瓤，上蒸箱蒸熟。

4 浓汤烧开，调入鸡汁、鸡粉、蚝油、糖、盐，勾芡，加藏红花调色。将主料放入橘瓜内，淋入浓汤，上蒸箱蒸8～10分钟，用枸杞子、香椿苗点缀即可。

特色 选用小橘瓜，口感沙软，水分少，颜色金黄，瓜质不老不水。

创意 此菜将烹制入味的海参、鲍鱼、鱼翅、裙边装入蒸熟的橘瓜内，色泽艳丽，雅致大方。

花坛酥

原料

水油面

面粉	500克
猪油	80克
水	260克

油酥面

面粉	500克
猪油	300克

辅料

橙汁土豆馅	200克
海苔条	40根
鸡蛋液	50克

特色　造型美观，酥层清晰。

创意　此菜做法新颖，形似花坛。

做法

1　面粉中加入水、猪油调成水油面；面粉中加入猪油擦匀成油酥面。

2　将调好的水油面、油酥面放在案板上醒15分钟。

3　将水油面擀成长方形，油酥面放至水油面一半的位置，对折包起，四周用手捏紧。

4　用擀面杖擀薄成长方形，折叠成三层，再擀成长方形薄片。

5　再重复折叠一次，擀成长方形薄片。

6　用刀切成6块小长方片，叠起放冰箱冷冻1

小时。

7　将冻好的酥皮斜刀切成薄片，酥层向上。

8　用擀面杖将薄片擀薄、擀大些，然后用刀修成12厘米长、4.5厘米宽的长方片。

9　取直径2.5厘米、长6厘米的不锈钢管，将酥皮卷起，黏合处涂上鸡蛋液。

10　将海苔条拖蛋液，在卷好的酥皮两端绕一周即为花坛生坯。

11　将生坯放入三成热油温中养至浮起，升温到六成热，炸熟捞出，脱出不锈钢管，在花坛酥内挤上橙汁土豆馅，点缀即可。

绣球酥

原料

水油面

面粉	500克
猪油	80克
水	260克

油酥面

面粉	500克
猪油	300克

辅料

鸡蛋液	50克
竹炭粉	25克
威化纸	少许
豆沙陷	200克

做法

1 水油面：取250克面粉加入130克水、40克猪油调成水油面。油酥面：取250克面粉加150克猪油擦匀成油酥面。

2 将调好的水油面、油酥面放在案板上醒15分钟。

3 将水油面擀成长方形，油酥面放置水油面的一半位置，对折包起，四周用手捏紧。

4 用擀面杖擀薄成长方形，对叠成三层，擀成长方形薄片。再重复两次，擀成长方形薄片。

5 用同样的方法将另一半原料（水油面原料加竹炭粉25克）制成黑色酥皮，然后将两块酥皮用刀切成0.5厘米宽的长条，酥纹朝上。

6 将黑色酥皮条和白色酥条交叉相隔编成一块黑白相间的大酥皮。

7 用圆形刻模刻成数张圆形酥皮。

8 圆形酥皮放上稍微小一点的威化纸，四周涂上鸡蛋液，包入馅心，收口捏紧制成球形，即为绣球酥生坯。

9 将生坯放入三成热油温中炸至浮起，升温到六成热，炸熟捞出即可。

特色 酥层清晰，形似绣球。

创意 做工精细，美观，酥而不腻。

宫廷凉点

豌豆黄

主料

豌豆　　　200克

调料

琼脂　　　　10克
冰糖　　　100克
水　　　　　适量

特色　香甜爽口，入口即化。

做法

1 豌豆洗净，用凉水浸泡10小时，入高压锅加水压30分钟，然后过筛，加冰糖、水熬化。

2 琼脂洗净，加水煮化，过筛倒入豌豆泥中拌匀，倒入托盘，用刮板抹平，凉后放入冰箱冷藏，改刀上桌即可。

芸豆卷

主料

芸豆　　　　　200克
红豆馅　　　　80克

特色　香甜爽口，入口即化。

创意　这是一道很好的凉点组合拼，借鉴传统宫廷凉点的制作方法。

做法

1 去皮芸豆洗净，用凉水泡12小时。

2 芸豆加水，上火蒸2小时，把蒸好的芸豆过箩，呈泥状晾凉后备用。

3 取干净棉布放上适量芸豆泥，用抹刀抹平，挤上豆沙馅卷起，用手压出形，切成小块即可。

中式糕点组合拼

主料

色拉油	500毫升
白糖	250克
水	1000毫升
面粉	1000克

调料

豆沙馅	150克
叉烧馅	50克
莲蓉馅	50克
五仁馅	50克

特色　口感松酥，形态美观，营养丰富。

创意　此菜品口味多样化，不同的口味，不同的造型，给人一种耳目一新的感觉。

做法

1 面粉加入水、白糖、色拉油，分别做成油皮和酥皮。

2 油皮和酥皮分别揉成面团，静置30分钟后，把油皮和酥皮分成相等的小剂子。

3 油皮包酥皮，像包子一样包好，开口向下擀成牛舌状。

4 翻面后自上而下卷起，松驰15分钟后再次擀成牛舌状，卷起松驰15分钟后再次擀成各种的胚子。

5 分别包入豆沙馅、叉烧馅、莲蓉馅、五仁馅，做成叉烧酥、佛手酥、菊花酥、象形梨酥、绣球酥和水晶酥饼，入烤箱烤熟，摆放在小型多宝阁上即可。

杨枝甘露

主料

芒果	100克
西柚	50克
西米	10克

调料

奶油、冰糖水各适量

做法

1. 西米用凉水泡透，水烧开，下入西米，大火烧开，改小火煮熟，用凉水冲洗干净，放入冰水中备用。

2. 芒果去皮、去核，取一半切碎，另一半切粒。奶油、冰糖水放入打汁机中，打成糊状。

3. 柚子去皮，取肉，用手掰碎。

4. 将西米、打好的芒果糊、柚子碎搅匀即可。

特色 入口清甜，浓稠适中。

创意 选用了优质的西米和新鲜的水果，精心制作而成，清甜可口，健康时尚。

一品蛋黄酥

主料		凤梨馅	300克
面粉	500克	咸蛋黄	30克
猪油	160克	水	150克

做法

1 面粉300克加猪油60克、水150克和成水油酥面团，200克面粉加100克猪油和成干油酥备用。

2 将水油酥和干油酥各分成30个剂子，把水油酥压扁，包入干油酥，擀开折三折，再重复一次，擀成皮，稍醒。

3 凤梨馅分成30份，按扁，包入咸蛋黄成馅。

4 将擀好的皮包入馅，收口成球形，即成生坯。

5 放入烤箱，用180℃烤至金黄色即可。

特色 酥软甜咸，清热解暑，生津止渴。

创意 选用优质的咸蛋黄和传统的制作工艺，既美味又可口。

鲜果西点组合拼

主料
草莓巧克力慕斯
蛋糕坯　　　1块

辅料
黑巧克力　　50克
奶酪　　　　50克

淡奶油　　　70克

调料
白砂糖　　　10克
牛奶　　　15毫升
凝胶片　　　1片
草莓　　　　1个

做法

1　烤好蛋糕坯子改刀成长方块。

2　淡奶油加糖打至发泡。

3　牛奶加泡软的凝胶片煮至溶化。

4　黑巧克力隔热水软化成膏后倒入打发好的奶油内，加入用牛奶煮化的凝胶，搅拌均匀后倒入放有蛋糕坯子的模具内，抹均匀，入冰箱冷藏凝固后改刀成块，点缀草莓即可。

特色　奶香浓郁，口感软滑，香甜可口。

创意　造型美观，口味多样化，适合各年龄段人食用。

养生自制酸奶盅

主料　　　　　　　　**调料**
酸奶　　　　200克　　蓝莓酱、蜂蜜　各少许
牛奶　　　　800克

辅料
芒果、腰果　　各20克

做法

1　将牛奶、酸奶按4∶1的比例调匀备用。

2　将容器放入蒸箱蒸热。

3　发酵箱调成水温40℃、气温65℃备用。

4　将调好的奶注入容器内。

5　静置3～5分钟，撇去气泡，放入发酵箱内，发酵5小时取出，冷却后放入冰箱冷藏。

6　腰果炸酥，剁成碎末，装味碟。芒果去皮，切粒，装味碟。蓝莓酱、蜂蜜装味碟，取出酸奶，一起上桌即可。

酸甜可口，餐前食用可开胃，餐后可消食。

创意　自制酸奶配以蓝莓酱、蜂蜜、腰果碎等小料，更加丰富了酸奶的口感，使之更健康营养。

燕麦兰花鲜螺片

主料		燕麦	0.5克	鸡粉	0.2克
海螺	200克	鸡汤	150克	干淀粉	20克
辅料		**调料**		蛋清	1个
西蓝花	100克	盐	2克	枸杞子	1颗
				水淀粉	10克

做法

1 将海螺洗净，用温水轻烫一下，取出肉，用刀切去两面厚皮，切成片，冲水洗净。

2 用干毛巾将螺片吸干水，加盐、鸡粉、蛋清、干淀粉腌一下，再用60℃温水过一遍。西蓝花洗净，改刀，焯水备用。燕麦片煮熟备用。

3 锅内加入鸡汤烧开，加盐调味，用水淀粉勾芡，放入西蓝花、燕麦片、螺片搅拌均匀，烧开，浇入容器中，点缀枸杞子即可。

特色

螺片爽脆，汤味鲜美。

创意

此菜营养丰富，碧绿爽脆，健康养生。

高汤云吞面

甜品、主食、汤羹

主料

面条	100克	味精	1克
云吞皮	50克	白糖	0.5克
五花肉	50克	鸡粉	1克
虾仁	30克	胡椒粉、香油	各少许
		上汤	200克
调料		菜心	1棵
盐	1克		

做法

1 制作肉馅：五花肉洗净，虾仁去虾线，一起用搅拌机打成泥，加盐、糖、味精、鸡粉、胡椒粉、香油搅拌上劲。

2 取云吞皮，包馅，包成元宝形状。

3 煮面条和云吞，煮好过凉，将烧开的上汤调味，倒入煮好的面条和云吞中，加菜心即可。

特色 面条筋道，云吞爽脆，汤鲜味美。

创意 这是一道很好的风味小吃，汤鲜味美，营养丰富。

碧绿海参鸡豆花

主料

海参	1根
鸡蓉	50克

辅料

豌豆汁	25克
上汤	100克

枸杞子	1颗

调料

盐	5克
糖	2克
鸡粉	2克

做法

1 海参焯水，煨制软糯后控净多余的水分。

2 鸡蓉加入适量纯净水稀释，搅拌上劲，倒入开水中煮成豆花状。

3 上汤加入豌豆汁烧开，加盐、糖、鸡粉调味，盛入餐具内，放入煨制好的海参和鸡豆花，点上枸杞子。

特色 海参软韧，豆花鲜香细嫩。

创意 自清汤鸡豆花改变而来，加以海参和豌豆汁，不仅提高了菜的档次、口味和色泽，更提高了人体所需补充的营养价值。

宫廷清汤竹荪燕

主料

雪燕	50克
鸡汤	150克

辅料

竹荪	10克
虫草花	2克
枸杞子	1颗
菜心	1个
香菜杆	5克
干淀粉	20克

调料

盐	0.5克
鸡粉	0.2克
糖	0.2克

做法

1 将雪燕用冷水泡12小时至涨发，挑出杂物处理干净，再用70℃的温水烫两三次，烫至软备用。

2 将干竹荪用水泡软，挑出杂物，加干淀粉清洗两三次，备用。香菜杆沥水备用。

3 把雪燕装入竹荪内，两头用香菜杆系上，锅内放入鸡汤烧开，加盐、糖、鸡粉调味，再放入雪燕、菜心、虫草花，点缀枸杞子即可。

特色 汤清爽口，味道鲜美。

创意 燕窝和竹荪的巧妙结合，既增强了营养价值，又不失菜肴的档次。

玉泉梨花秋夜雨

主料

雪蛤	50克

辅料

皇冠梨	200克
猕猴桃	20克
枸杞子	1颗
姜芽	1枝
红樱桃	5克
银耳	10克
姜片	10克
铜钱草	2片

调料

冰糖	30克
蜂蜜	10克

做法

1 将雪蛤发制好，加姜片、玉泉山泉水煨制入味。

2 银耳发制好，皇冠梨去皮，制成梨盅，放入冰糖、蜂蜜煨制50分钟，装入盘中。将煨制好的雪蛤装入梨盅，摆入猕猴桃片，配枸杞子，点缀姜芽、铜钱草、红樱桃。

3 将煲好的雪梨汁淋入盘中即可。

特色 清甜可口，水晶透亮。

创意 雪蛤配以雪梨、山泉水熬制，加上果蔬的点缀，增加了菜品的营养成分，更加时尚健康。

玉子雪燕菊花汤

主料
发制好的雪燕　10克
玉子豆腐　　　25克

辅料
上汤　　　　　100克
油菜心　　　　1棵

枸杞子　　　　2颗

调料
盐　　　　　　2克
糖　　　　　　2克
鸡粉　　　　　2克

做法

1 发制好的雪燕加上汤，放蒸箱蒸至软糯。豆腐改刀成菊花状，焯水后放入餐具内。

2 上汤烧开，加盐、糖、鸡粉调味，浇在豆腐上，放上雪燕、枸杞子、菜心，进蒸箱内蒸20分钟。

特色　菜品美观，汤鲜味美。

创意　有燕窝的加入，使本菜品提高一个档次，更加美观大气。

金汤奶油雪蛤羹

主料

雪蛤	50克	姜片	10克
		面粉	5克

辅料   **调料**

清汤	250克	盐	3克
金瓜蓉	50克	奶油	15克
枸杞子	1颗	黄油	20克

做法

1 将发制好的雪蛤加姜片煨制。

2 黄油加面粉炒成黄油面糊。

3 锅烧热，下入适量黄油，加入清汤、金瓜蓉、奶油烧开调味，加入适量黄油炒面收汁，放入雪蛤。

4 倒入器具内，点缀枸杞子。

特色   奶香浓郁，雪蛤滑嫩。

创意   此菜运用了西式调味方法，改变了传统炖制的方法，使菜品香味浓郁，滑嫩适口。

酥皮鹅肝鲜菌汤

主料

雪菇	10克	竹荪	5克
羊肚菌	2个	火龙果	10克
黄耳	10克	杨桃	10克
鹅肝	10克	芒果	10克
白玉菇	5克	西瓜	10克
酥皮	1片		

辅料

调料

清汤	350克	盐	5克
		蛋黄	1个

做法

1. 将雪菇洗净，切厚片。羊肚菌泡发洗净。黄耳泡发摘取干净。白玉菇切段。竹荪切丝。余水，加盐煨制15～20分钟。鹅肝切片。

2. 取清汤，加少许煨制菌的菌汤，加盐调味，将菌类放入容器内，倒入调过味的汤，放入鹅肝。

3. 将装有菌和菌汤的容器放置烤盘上，酥皮周围□□□□□扣在容器上，入烤箱烤制，待酥皮□□起，顶部烤至金黄取出（下火要高于上火，才能使酥皮发好），盘中撒火龙果粒、杨桃粒、芒果粒、西瓜粒即可。

特色 此菜选用高山珍菌，配上法国鹅肝，是一道典型的中西融合菜，要求面案师傅细腻的开酥功夫和对烤箱温度的恰当掌握。

创意 酥皮鹅肝汤是法国皇家菜，加入各种珍贵山菌，既提高了菜品原料的档次又增加了营养。

珍菌杞子裙边汤

主料

裙边	50克	雪菇	20克
黄耳	30克	菜心	1棵
		枸杞子	1颗

辅料

		鸡汤	150克
白萝卜	20克	花雕酒	50克
葱	5克	**调料**	
姜	5克	盐	0.5克

特色 汤清爽口，味道鲜美。

创意 这是一道海味原料和珍菌原料相结合的菜品，成品美观，汤鲜味美，营养丰富。

做法

1. 将裙边用冷水泡软涨发，用白萝卜、葱、姜、花雕酒煨4～5小时，冲水2～3分钟，切成方块备用。

2. 雪菇洗净，去黑皮，用鸡汤小火煨5～10分钟，切片。黄耳用冷水泡软涨发，洗干净，用鸡汤煨一下备用。

3. 锅内加入鸡汤烧开，加盐调味，将裙边、雪菇、黄耳放入容器中，浇入鸡汁，点缀枸杞子、菜心即可。

延年益寿功夫汤

主料		枸杞子	1克
虫草	1根	洋参片	1克
裙边	5克	鸡汤	40克
鹧鸪肉	10克		
牛鞭	5克	**调料**	
瑶柱	5克	盐	1克
辅料			
竹荪	2克		

做法

1 将虫草泡软，刷干净，放入蒸箱蒸30分钟。

2 将发好的裙边、牛鞭焯水备用。鹧鸪切小块，焯水备用。

3 鸡汤加盐调味备用。将主料、辅料放入紫砂壶，浇入调好的鸡汤，放入蒸箱蒸2~3小时即可。

特色 汤香味醇。

创意 这是一道非常有创意的时尚汤菜，"品功夫茶，喝功夫汤"，此汤汤色如茶色，盛入碗内汤香四溢，常喝此汤能延年益寿，强壮筋骨。

虫草花文思豆腐羹

甜品、主食、汤羹

主料
白玉豆腐　　100克

辅料
虫草花　　　20克
枸杞子　　　1颗

调料
清汤　　　　200克
盐　　　　　3克
水淀粉　　　50克

做法

1　取出虫草花，清水淘洗干净。

2　白玉豆腐切成发丝状。

3　清汤烧开，加盐调味，勾芡，倒入白玉豆腐丝，放入虫草花、枸杞子装饰即可。

特色　豆腐清淡爽口。

创意　此菜在文思豆腐羹的基础上加入虫草花，使菜品更健康、更养生，菜品色彩艳丽，口感爽滑。

云雾金草龙脆汤

主料

龙脆	150克

辅料

虫草花	50克
枸杞子	1颗
葱	5克
姜	5克
上汤	350克

调料

盐	3克
糖	2克
鸡粉	2克

做法

1 龙脆用水煮至软嫩，改刀成丝，加入葱、姜、少许上汤煨制后控净水分，盛入餐具内。

2 金虫草改刀后焯水，放入餐具内龙脆上面。

3 锅上火，放入上汤烧开，加盐、糖、鸡粉调味，盛入餐具内，点缀虫草花、枸杞子即可。

特色 汤鲜味美，口感软韧。

创意 这道汤菜选料讲究，用优质的龙脆、上等的虫草花精心制作而成，美味可口，口感爽脆，象征着福寿康宁，看似仙景云雾。

郁香翠汁雪蛤羹

主料

水发雪蛤	25克

辅料

豌豆汁	50克
椰汁	20克
上汤	100克
枸杞子	1颗

调料

盐	5克
糖	5克
鸡粉	2克

做法

1 将水发好的雪蛤洗净，焯水。

2 上汤加热，放入豌豆汁、椰汁烧开，加入盐、糖、鸡粉调味，放入焯好水的雪蛤，装入餐具内，放上枸杞子。

特色 色彩艳丽，汁香浓郁。

创意 这道菜选用上等的雪蛤为原料，烹制时加入豌豆汁、椰汁。制作出的汤羹营养丰富，不仅新颖美观，也更加符合现代健康饮食的潮流和时尚。

公司介绍
ABOUT THE COMPANY

北京万泰国壹国际酒店管理有限公司成立于2013年6月。公司由中国烹饪大师、中国药膳名师、北京烹饪大师、国际烹饪理事、国家高级营养配餐师、香港中国国际营养保健美食厨皇协会副会长、中国营养膳食推广工程委员会副秘书长、中国营养膳食烹饪大师、国家高级烹调技师、国际烹饪大师万玉宝先生主持工作。

万玉宝先生具有20多年餐饮名店与高档会所酒店的工作经验，不仅建立了广泛的人脉关系，而且吸收了各家酒店的管理所长，同时运用自己的专业，在立足弘扬中华美食的基石上，正大步向酒店管理方向拓展进军。

北京万泰国壹国际酒店管理有限公司以星级酒店厨师培训、代理酒店管理、猎才服务为主营业务。公司拥有多位国际级名厨与资深酒店管理人员，已拥有国内数十家星级酒店、高档会所的成功管理经验。

公司管理团队无论是从酒店管理、酒店名厨培训等方面都有着十分丰富的专业操作经验。公司秉承"学人所长、扬我特色"的管理模式，以务实高效的管理风格赢得酒店业主和业界同行的尊重。凭借雄厚的专业与人才优势，公司积极探索、不断创新，吸取各方所长，融会贯通在各星级酒店、高档会所经营管理等多领域。

专业资深、锐意进取、实在实诚的经营理念让投资方的投资得到了保障，减少了投资风险，真正做到让投资者的利益最大化。

北京万泰国壹国际酒店管理有限公司的宗旨是——以弘扬中华美食文化为己任，力做具有东方文化特色的高级酒店。这样的理念也吸引了很多有志于美食与酒店发展的年轻人的加盟，随着队伍的整合与强大，我们诚挚期待志同道合者、酒店投资者与我们进行各种形式的合作，您将在这种富于创造性的合作中充分感受北京万泰国壹品牌的价值。北京万泰国壹国际酒店管理有限公司愿与您携手推进中华美食的发展、同创东方世纪酒店的未来！